Anouk Majerus

Influência dos factores climáticos no crescimento radial dos zimbros

Anouk Majerus

Influência dos factores climáticos no crescimento radial dos zimbros

num local seco alpino

ScienciaScripts

Imprint

Any brand names and product names mentioned in this book are subject to trademark, brand or patent protection and are trademarks or registered trademarks of their respective holders. The use of brand names, product names, common names, trade names, product descriptions etc. even without a particular marking in this work is in no way to be construed to mean that such names may be regarded as unrestricted in respect of trademark and brand protection legislation and could thus be used by anyone.

Cover image: www.ingimage.com

This book is a translation from the original published under ISBN 978-620-0-44971-9.

Publisher:
Sciencia Scripts
is a trademark of
Dodo Books Indian Ocean Ltd. and OmniScriptum S.R.L publishing group

120 High Road, East Finchley, London, N2 9ED, United Kingdom
Str. Armeneasca 28/1, office 1, Chisinau MD-2012, Republic of Moldova, Europe
Printed at: see last page
ISBN: 978-620-4-23527-1

Conteúdo

"Nunca se limite a si próprio por causa do engenho limitado dos outros; nunca limite os outros por causa do seu próprio engenho limitado."
-Jane Goodall

Reconhecimento

Antes de mais, gostaria de agradecer ao Prof. Dr. Walter Oberhuber e ao Prof. Dr. Georg Wohlfahrt. Dr. Georg Wohlfahrt. Eles apoiaram-me e aconselharam-me durante este período e ajudaram-me muito. Aprendi muito com eles.

Gostaria também de agradecer aos meus queridos amigos Astrid Steger, Lisa Jung, Claudia ..., Krishna Magnussen, Manuel Eberl, Anna Rottensteiner e Sarah Oberleiter. Estiveram sempre abertos para mim, apoiaram-me, mostraram-me novas perspectivas e até fizeram a revisão.

Um agradecimento muito especial vai para os meus pais, Danielle Schmitz Majerus e Henri Majerus, que sempre me apoiaram e sempre tiveram um ouvido aberto para mim. Durante estes anos, tiveram uma grande influência na minha vida e, sem eles, não estaria onde estou hoje. O meu pai também me ajudou com a amostragem do núcleo e viajou comigo para Mieming.

Gostaria também de agradecer à minha madrinha Claude Kartheiser e ao meu irmão Laurent Majerus. Eles foram um grande apoio e ouvintes valiosos, um verdadeiro enriquecimento da minha vida.

Resumo

Os períodos de seca na primavera limitam o crescimento radial do caule das coníferas, que dominam nos vales alpinos interiores secos. Na floresta de pinheiros seca e esparsa do planalto de Mieminger (Tirol, 910-950 metros acima do nível do mar), o zimbro comum (*Juniperus communis*) pode ser encontrado na vegetação rasteira. *O Juniperus communis* é considerado muito resistente à seca e pouco exigente em termos de nutrientes. Ocasionalmente, desenvolveram-se espécimes arbóreos com troncos de altura superior a 2 m, que foram investigados neste estudo utilizando métodos dendroocológicos. Foram formuladas três hipóteses. Hl: O crescimento radial do *Juniperus communis* é limitado pela disponibilidade de água, ou seja, baixa precipitação na primavera e temperaturas elevadas durante a estação de crescimento. H2: Devido ao aumento da evapotranspiração, o aquecimento climático leva a uma diminuição do incremento da área basal (BFE), especialmente em indivíduos com baixa vitalidade. H3: *O Juniperus communis* apresenta uma maior resistência à seca no crescimento radial em comparação com o *Pinus sylvestris*. Foram retirados 120 núcleos de incremento *de Juniperus communis* a uma altura de caule de 30 cm de indivíduos de diferentes vigor. Para além disso, foram analisados 15 núcleos de incremento do *povoamento de Pinus* sylvestris. A atribuição às três classes de vitalidade (VK) foi efectuada com base no desbaste da copa (KV). A largura anual dos anéis (ANW) foi medida com uma resolução de 1 pm e as cronologias de crescimento foram verificadas quanto à datação correta dos incrementos anuais. Foram calculados o GFZ, os anos extremos de crescimento e os índices de stress (resistência, recuperação e resiliência). Verificou-se que o crescimento radial do *Juniperus communis* tem sido cada vez mais limitado pela precipitação em abril-junho nas últimas décadas e que o GFZ aumentou acentuadamente no decurso das alterações de gestão (redução ou cessação do pastoreio), mas atingiu um patamar desde cerca de 2014 devido à crescente concorrência do *Pinus sylvestris*. No entanto, *os indivíduos de Juniperus* communis com baixa vitalidade registaram uma quebra no seu crescimento, enquanto os indivíduos de vitalidade média apresentaram um GFZ constante e os de vitalidade elevada um GFZ crescente. O GFC do *Pinus sylvestris* manteve-se constante no período de 1900 a 2023, enquanto o do *Juniperus communis* registou um aumento significativo entre 1982 e 2014, presumivelmente devido a alterações na gestão, mas que foi compensado pelo aumento da densidade populacional nos últimos anos. atingiu um patamar na segunda década. A melhor adaptação do *Pinus sylvestris* aos factores locais é demonstrada pelo facto de o SPC do *Juniperus communis* atingir apenas cerca de 1/3 do SPC do *Pinus sylvestris*. São necessários estudos ecofisiológicos para esclarecer em pormenor a causa do crescimento visivelmente inferior do *Juniperus communis* em comparação com o *Pinus sylvestris*.

1. introdução

1.1 Dendrologia e dendrocronologia

A dendrologia ocupa-se do estudo das árvores e das plantas lenhosas, representando assim uma área importante da botânica. Dentro da botânica, a dendrologia é especificamente atribuída às plantas lenhosas, arbustos, árvores e trepadeiras (Bartels, 1993).

A dendrocronologia trata da atribuição temporal das variações da largura dos anéis das árvores (Buntgen et al., 2005). É um método de datação em que a largura dos anéis anuais é atribuída a um período específico de crescimento da árvore (Buntgen et al., 2006). Os anéis anuais de anos com condições de crescimento favoráveis são mais largos do que os de anos com condições desfavoráveis (Buntgen et al., 2005). Nos anos jovens, as árvores formam normalmente anéis anuais mais largos, que depois se tornam gradualmente mais estreitos (Buntgen et al., 2006). Contudo, isto só é possível em regiões com períodos claros de vegetação e dormência devido à atividade variável do tecido de divisão celular (câmbio).

A estação de crescimento começa tipicamente na primavera, o que também marca o início da atividade de divisão celular no câmbio (Sheppard, 2010). Nas coníferas, as células de paredes largas e escuras, conhecidas como lenho inicial, são formadas nesta altura (Sheppard, 2010). À medida que a estação de crescimento avança, a divisão celular no câmbio diminui (Sheppard, 2010). Formam-se então células com lumens estreitos, de cor escura e paredes espessas, conhecidas como spar wood (Sheppard, 2010). Estas células têm principalmente uma função de estabilidade do tronco da árvore.

O período de crescimento termina no outono e só recomeça na primavera seguinte. A alternância entre o lenho inicial e o lenho tardio cria uma fronteira claramente reconhecível entre os anéis anuais, o que permite determinar a idade da árvore (Sheppard, 2010).

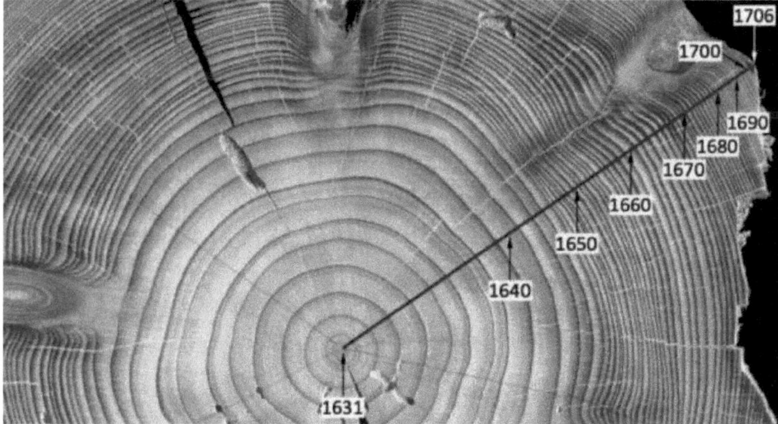

Figura 1: Secção transversal de um tronco de árvore. Anéis de crescimento visíveis de 1631 a 1706 ©Gottfried Letschke https://www.ecology.uni-Jena.de/80/dendro-oekologie

1.2 Dendroocologia e dendroclimatologia

A dendroocologia investiga os factores ambientais que influenciam o crescimento radial de árvores e arbustos (Sheppard, 2010; Schweingruber, 1996). As alterações na utilização do solo ao longo do tempo também podem influenciar o crescimento (Cook et al., 2015). Desta forma, é possível obter informações sobre a resposta das plantas lenhosas aos factores ambientais e fazer previsões sobre o comportamento do crescimento nas condições esperadas das alterações climáticas (Anchukaitis, 2017).

O crescimento das árvores depende de muitas condições ambientais, incluindo a disponibilidade de água, a luz solar, a temperatura, os nutrientes, a dinâmica do local, a infestação de pragas e as medidas silvícolas (Bohm, 2010).

Uma vez que os factores climáticos podem influenciar o crescimento em espessura, a análise dos anéis anuais permite também tirar conclusões sobre as condições climáticas. Se o JRB de muitos indivíduos num determinado local diminuir acentuadamente no mesmo ano, isso indica um ano extremo. Desta forma, é possível obter informações sobre as influências ambientais, como o clima, os factores de perturbação, etc., que levaram a esta redução do crescimento. Isto é possível através da sobreposição do padrão de anéis de árvores de vários indivíduos para obter séries temporais de crescimento médio (cronologias de anéis de árvores) (Cooketal., 2015).

A dendroclimatologia preocupa-se em reconstruir a influência do clima no crescimento dos anéis das árvores (Wilson et al., 2016). No entanto, o desafio consiste em filtrar os sinais climáticos corretos (Sheppard, 2010). Outros factores podem sobrepor-se aos sinais climáticos, como os danos causados à árvore, a concorrência de outras árvores, a pressão do vento e os movimentos da terra (Anchukaitis, 2017).

1.3 Objectivos e hipóteses

Nos vales alpinos interiores secos, os períodos de seca na primavera limitam o crescimento das árvores e dos arbustos (Pichler & Oberhuber, 2007; Ellenberg & Leuschner, 2010; Drexler, 2020). Nas últimas décadas, registou-se um aumento da mortalidade das árvores, que é acelerada por estes períodos de seca (IPCC, 2021). No pinhal esparso do planalto de Mieminger, onde ocorrem exemplares isolados de zimbro comum (*Juniperus communis*) com um habitus em forma de árvore, está a ser investigado o efeito dos factores climáticos e do aquecimento climático no crescimento radial do caule de indivíduos em forma de árvore. Os resultados são comparados com as séries temporais de crescimento do *Pinus sylvestris*. A sensibilidade ao stress da seca (índices de stress) e a tendência a longo prazo na ZFG em função da vitalidade (desbaste da copa) dos *indivíduos* arbóreos *de Juniperus* communis serão também objeto de atenção. Os resultados deverão fornecer informações sobre a sensibilidade climática do *Juniperus communis*. Foram desenvolvidas três hipóteses. HI: O crescimento radial de *Juniperus communis* é limitado pela disponibilidade de água, ou seja, baixa precipitação na primavera e temperaturas elevadas durante a estação de crescimento. H2: Devido ao aumento da evapotranspiração, o aquecimento climático leva a uma diminuição do incremento da área basal (BFE), especialmente em indivíduos com baixa vitalidade. H3: *O Juniperus communis* apresenta uma maior resistência à seca no crescimento radial em comparação com o *Pinus sylvestris*.

2 Material e métodos

2.1 *Juniperuscommunis*

O zimbro comum (*Juniperus communis*) é conhecido por muitos nomes, tais como zimbro da charneca, árvore Machandel, árvore Kranewitt, Reckolder, árvore do incenso ou árvore do fogo. *O Juniperus communis* pertence à família Cupressaceae (família dos ciprestes) (Schutt et al., 2007).

Figura 2: Indivíduo em forma de árvore de Juniperus communis.

O Juniperus communis é versátil nas suas formas de crescimento, podendo ser ereto como uma árvore ou rastejante ao longo do solo. O *Juniperus communis* pode atingir uma altura de até 12 metros, e foi documentado que o *Juniperus communis* mais alto alguma vez registado tinha 18,5 metros de altura, com um impressionante diâmetro de tronco de 0,9 metros (Roloff etal. 2007). *O Juniperus communis* pode atingir uma idade notável de até 600 anos. A casca é tipicamente cinzenta a castanho-avermelhada, enquanto a copa é geralmente estreita e de forma cónica a oval (Roloff et al. 2007).

As folhas do *Juniperus communis* são em forma de agulha e assentam no ramo através de uma articulação, dispostas em espirais de três agulhas cada. Estas agulhas são pontiagudas e medem cerca de 1-2 centímetros de comprimento. Uma caraterística marcante é a faixa de cor clara na parte superior das agulhas, que tem estomas e estrias de cera (Roloff et al. 2007).

O Juniperus communis é uma espécie dióica, embora ocasionalmente ocorram exemplares monóicos (Jagel, 2012). As plantas masculinas são facilmente reconhecíveis pelas suas flores amareladas durante o período de floração de abril a junho. Os cones formam-se no outono e são providos de um pedúnculo (Jagel, 2012). Os cones hemorrágicos femininos são constituídos por três escamas de cone onde se encontram os óvulos. Com o tempo, as escamas de sementes fundem-se com as escamas de cobertura e tornam-se carnudas. A maturação em cones em forma de baga demora cerca de três anos (Jagel, 2012).

A *Juniperus communis*, uma planta de raízes profundas com micorriza, espalha o seu pólen com a ajuda do vento durante a sua época de floração, de abril a maio. Sendo uma das coníferas mais difundidas, o seu habitat estende-se da América do Norte à África do Sul, Norte de África, Europa, Próximo Oriente, Norte da Ásia, Ásia Central e Ásia Oriental, até uma altitude de 4.000 metros (Roloff & Bartels, 2006).

Embora o *Juniperus communis* seja uma planta pouco competitiva e seja muitas vezes suplantada por outras espécies, pode ser bastante dominante em locais secos, arenosos e pedregosos ou em charnecas. Desenvolve-se particularmente bem em pastagens ensolaradas, sobre rochas e em bosques esparsos. Esta espécie prefere solos secos, soalheiros e maioritariamente ricos em bases e calcários (Roloff & Bartels, 2006) e é considerada um indicador de antigas pastagens (Ellenberg e Leuschner, 2010).

2.2 *Pinus sylvestris*

O *Pinus sylvestris*, também conhecido como pinheiro-silvestre ou pinheiro-da-escócia, é uma espécie arbórea importante na Europa e na Ásia (Weber et al., 2007). Pertence à família dos pinheiros (Pinaceae) e é uma das espécies de árvores mais comuns nas florestas europeias (Schmidt, 2003). O pinheiro silvestre é uma conífera de folha perene que pode atingir alturas de até 30 metros e forma uma copa cónica. As agulhas do pinheiro estão dispostas aos pares e têm cerca de 4-7 cm de comprimento. A casca é tipicamente fissurada e frequentemente de cor castanha avermelhada.

Esta espécie arbórea é extremamente adaptável e desenvolve-se numa grande variedade de habitats, desde solos arenosos secos a charnecas húmidas (Wimmer & Kriebitzsch, 2002). No entanto, prefere locais com muita luz solar e é tolerante à seca e às geadas (Schutt e Stimm, 2006). As pinhas do pinheiro silvestre contêm sementes que são dispersas pelo vento (Weber et al., 2007).

2.3 Área de estudo

A zona de estudo situa-se no planalto de Mieminger e é constituída por uma floresta de Erico-Pinetum na qual o *Juniperus communis* se encontra disseminado no estrato arbustivo.

Figura 3: Erico-Pinetum

A área de estudo situa-se a uma altitude de 910 a 950 metros, no sopé do Gebirge Mieminger.

Uma estação de investigação florestal do Instituto de Ecologia da Universidade de Innsbruck (FAIR Forest Station Mieming) está localizada no pinhal, cujas coordenadas geográficas são 47° 18.9957'N; 10° 58.2016'0 (Fluxnet Austria, 2024). Em redor desta estação, foram recolhidos 120 núcleos de *indivíduos arbóreos de Juniperus* communis num raio à volta da estação florestal; a área de estudo é apresentada na Figura 4. °A encosta virada a sul tem uma inclinação baixa (<10).

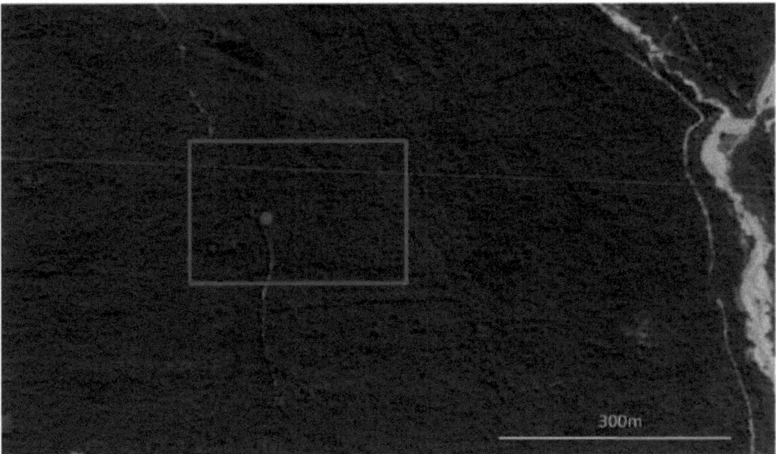

Figura4: Vista aérea da zona de estudo de 2023 (https://earth.google.com/)
Ponto vermelho: Estação da Feira de Mieming O retângulo vermelho contém a área de estudo

O Mieminger Gebirge é uma cadeia montanhosa do Tirol do Norte, delimitada a norte pelas montanhas Wetterstein, a sul pelo vale Inntal, a oeste pelo Fernpass e a leste pelo vale Leutasch. Quase todas as rochas do Mieminger Kette foram formadas no fundo do mar e são constituídas por calcário e pelo seu produto de transformação, a dolomite. No entanto, existem também arenitos, lamitos, cherts, greywackes e tufos vulcânicos (Mandi G. W., 1996; Baumgarten B., 2014).

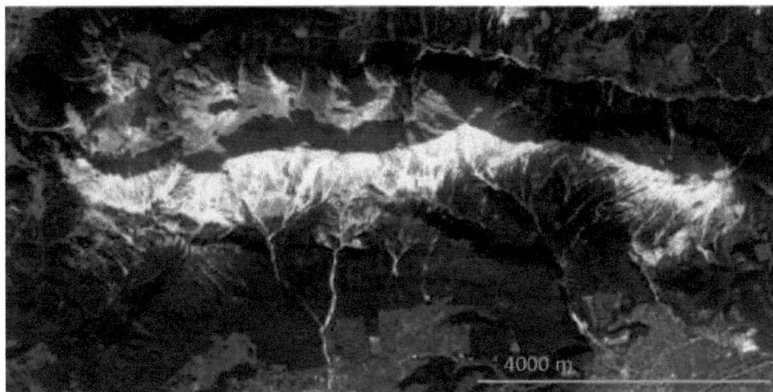

Figura 5: Mieminger Gebirge (https://earth.google.com/); (retângulo vermelho: área de estudo)

O solo da área de estudo é calcário, com uma baixa camada de húmus e uma baixa capacidade de armazenamento de água. °O vale seco alpino interior caracteriza-se por uma baixa precipitação, com uma precipitação média anual de 776 mm e uma temperatura média anual de 9,2ºC. A baixa cobertura de húmus, juntamente com a baixa precipitação, torna o local seco e expõe a vegetação ao stress da seca. Estas condições levaram ao estabelecimento do *Pinus sylvestris* e do *Juniperus communis*, tolerantes à seca. Nos mapas tirisMaps, o povoamento florestal predominante é rotulado como pinhal carbonatado seco (KI2c) (Figura 7) e encontra-se sobre calcário de cascalho (KiK; ver Figura 6).

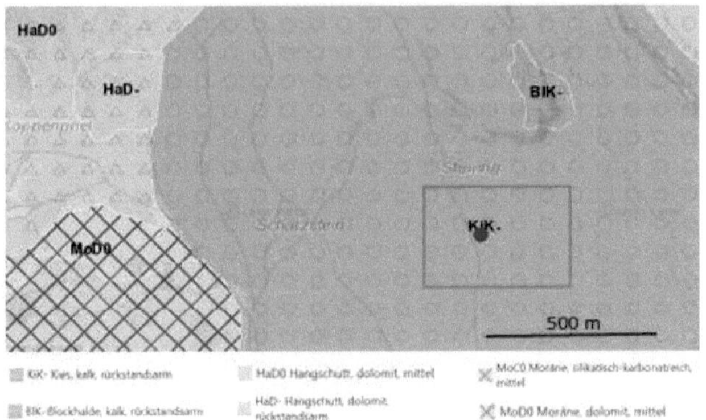

Figura 6: Informações sobre a categoria de solo/substrato dos sítios florestais
Retângulo verde: zona de investigação; círculo vermelho: estação de investigação florestal com as coordenadas 47°13.9957'N; 10°58.2016'Q Fonte: tirisMaps, Land Tirol BEV

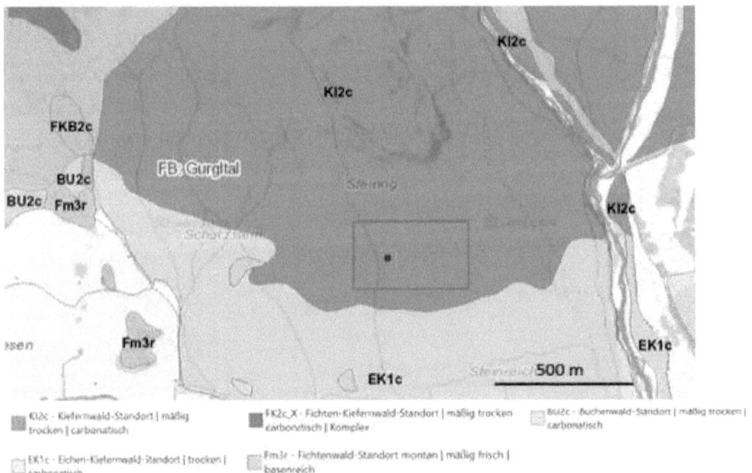

Figura 7: Informação sobre os tipos de floresta na categoria sítios florestais
retângulo verde: zona de estudo; círculo vermelho: estação de investigação florestal com as coordenadas 47°13.9957'N; 10°58.2016'Q
Fonte: tirisMaps, Província do Tirol BEV

As condições prevalecentes favorecem o crescimento do *Pinus sylvestris* e do *Juniperus communis*, uma vez que ambas as espécies são tolerantes à seca. *O Pinus sylvestris*, tal como *o Juniperus communis*, é uma planta leve e tem um amplo espetro ecológico que lhe permite desenvolver-se tanto em habitats muito húmidos como em habitats muito secos. Devido às suas agulhas espinhosas, este arbusto de folha perene também se propaga como "erva daninha das pastagens" em povoamentos de pinheiros esparsos (Ellenberg e Leuschner, 2010).

De acordo com o sistema de informação espacial tirolês tirisMaps (https://mapsmobile.drol.gv.at/), a floresta na área de estudo está classificada como floresta de proteção. Por esta razão, a floresta não é utilizada para fins económicos, servindo sobretudo como área de lazer. Existem trilhos para caminhadas e ciclismo, bem como uma zona de caça na área.

A Figura 8 mostra a curva de precipitação e temperatura para os meses de abril a junho para o período de 1951 a 2023 (estação climática Otz; aproximadamente 13,5 km da área de estudo em linha reta). A precipitação mantém-se relativamente constante ao longo dos anos, mas podem ser observados alguns períodos secos. Particularmente notável é o ano de 2004 com apenas 94,3 mm de precipitação, com uma média de 200 mm. É possível observar claramente que a temperatura aumenta significativamente ao longo dos anos. A temperatura de abril a junho é atualmente de 13,1 °C (média para os anos 2000 a 2023; MW 11,9 °C de 1951 a 2023).

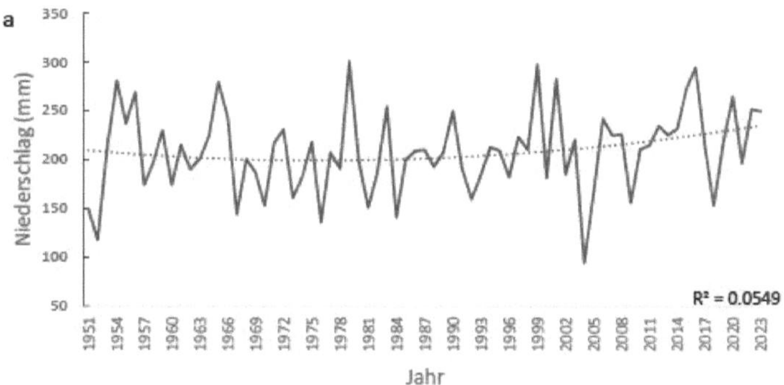

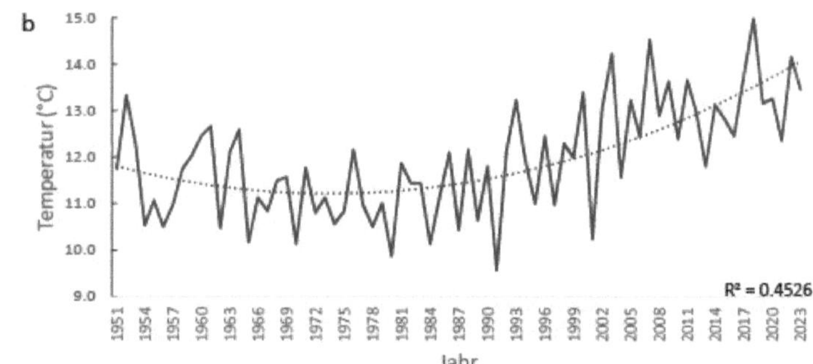

Figura 8: Curva de precipitação e temperatura de abril a junho de 1951 a 2023
[2](a) Precipitação (b) Temperatura (linhas de tendência função polinomial; N: y = 0,0162x - 0,8385x + 210,15; T: y= 0,0012x^2
- 0.0547X+11.854)

2.4 Extração de testemunhos de sondagem e recolha de dados

Os indivíduos arbóreos com uma altura mínima de 1 m e uma circunferência do tronco > 7 cm foram selecionados para recolher os núcleos de *Juniperus communis*. As amostras foram colhidas no início de outubro, numa altura em que o crescimento radial do tronco já tinha terminado durante o ano. Utilizou-se uma broca de incremento (Mattson, 40 cm de comprimento) para retirar os núcleos. Contrariamente ao habitual, a amostra não foi recolhida à altura do peito, mas ao nível do solo (cerca de 30 cm de altura do caule). A broca foi introduzida horizontalmente no tronco até que a ponta da broca rompesse a casca na outra extremidade. A amostra foi então retirada, etiquetada e colocada num tubo de plástico. As pinças de fixação mantiveram o núcleo da broca na broca de incremento enquanto esta era retirada do indivíduo em forma de árvore.

O diâmetro total pode ser obtido de cada indivíduo em forma de árvore. Cada indivíduo foi também classificado numa classe de vitalidade (VK). Isto foi feito com base no desbaste da copa (CT), em que menos de 10 % foi considerado como alta vitalidade, 10-50 % como vitalidade média e menos de 50 % como baixa vitalidade. No final, 49 indivíduos foram classificados como de alta VC, 36 como de média VC e 33 como de baixa VC.

As coordenadas, a profundidade do solo, a circunferência do tronco e a altura do tronco também foram medidas em cada local. As coordenadas foram determinadas utilizando um telemóvel e o Google Maps. A profundidade do solo foi medida através da impressão de uma língua de pinça até à rocha. O perímetro do tronco foi medido com uma fita métrica e a altura do tronco com uma vara de medição

medido.

Figura 9: Nome da broca e do núcleo de perfuração ©Haglof Sweden https://haglofsweden.com/

Os núcleos de perfuração removidos foram secos ao ar para evitar a infestação por fungos. Os núcleos de perfuração foram então fixados a uma barra quadrada com uma ranhura utilizando uma pistola de cola quente. A direção da fibra do núcleo de perfuração foi alinhada verticalmente para garantir a medição correta da secção transversal do JRB. Os núcleos de perfuração foram cortados com lâminas industriais, a fim de reconhecer e medir claramente os anéis de crescimento individuais na secção transversal. Em seguida, esfregou-se giz na superfície lisa para tornar os anéis de crescimento e os seus limites ainda mais claramente visíveis, permitindo que o pó de giz penetrasse na lumina.

Dos 120 núcleos recolhidos, 14 núcleos não puderam ser analisados devido a rupturas ou anomalias de crescimento.

Além disso, foram recolhidos 15 núcleos de *Pinus sylvestris* na mesma zona de estudo para completar a série cronológica de crescimento compilada por Drexler (2020). Os núcleos foram retirados à altura do peito (1,3 m) de árvores velhas dominantes.

2.5 Medição da largura do anel de crescimento

Os anéis de crescimento foram medidos com um sistema de medição linear móvel (LinTab4, Rinntech) e um microscópio de luz reflectida (Olympus SZ61). Na ocular direita do microscópio havia uma mira que foi colocada no limite do anel anual do ano medular seguinte. A distância foi medida de dentro para fora, movendo-se o sistema de medição. Idealmente, o processo de medição começa no primeiro limite do anel de crescimento. Em cada limite de anel anual, foi premido um interrutor de pé para enviar a distância para o computador e guardá-la. Era importante garantir que a mira estivesse sempre perpendicular ao limite do anel de crescimento, para evitar erros de medição. As medições foram efectuadas com uma precisão de 1/1000 mm. A variável JRB resultou em diferentes séries temporais de crescimento, também conhecidas como cronologias. Como a maioria dos núcleos continha dois raios, foi criada uma cronologia média a partir das duas cronologias de crescimento para cada indivíduo arbóreo.

2.6 Datação e criação de cronologias de crescimento

A cronologia *de Pinus* sylvestris (n=100 indivíduos) compilada por Drexler (2020) foi utilizada como cronologia de referência. Dado que não existia nenhuma cronologia de referência para o *Juniperus communis* e que *o Pinus sylvestris* foi estudado no mesmo sítio, esta cronologia de crescimento constituiu uma comparação adequada. No entanto, ao selecionar a série cronológica de referência, não se teve em conta principalmente a cronologia de crescimento em si, mas sim os anos de crescimento extremo. Isto deveu-se ao facto de estarem envolvidas duas espécies de plantas diferentes. Se os anos extremos coincidissem entre as duas espécies, poder-se-ia assumir que as medições e a datação estavam corretas. A falta de anéis de crescimento poderia ter levado a uma datação incorrecta.

O COFECHA (versão 6.06P) foi utilizado para corrigir erros na datação das cronologias de anéis de crescimento criadas, a fim de comparar cada série individual de anéis de crescimento com uma cronologia principal. Das 106 séries cronológicas de crescimento de *Juniperus communis* criadas, 26 tiveram de ser excluídas para análise posterior devido a flutuações de crescimento individuais e/ou anéis de crescimento em falta. Isto deixou um número de amostra de 80 indivíduos *de Juniperus communis* em forma de árvore, que foram distribuídos entre os VC 1 (n= 36), 2 (n= 25) e 3 (n= 19).

A sincronização das séries de anéis de árvores foi efectuada utilizando o programa TSAP Win, através do qual foram determinados os parâmetros comprimento de sobreposição (OVL), semelhança (GLK), valor t e significância estatística. O comprimento de sobreposição (OVL) descreve o período durante o qual duas cronologias se sobrepõem. Este valor indica quantos anos ou anéis de árvores duas amostras têm em comum, o que fornece informações importantes para a classificação temporal e sincronização de dados de anéis de árvores (Fritts, 1976). A similaridade (GLK) indica a similaridade de duas cronologias de anéis de árvores e é dada em percentagem. Uma GLK estatisticamente significativa indica uma resposta de crescimento idêntica das séries temporais comparadas a factores ambientais (Holmes, 1983). Esta medida é crucial para

Isto permite tirar conclusões sobre as condições ambientais e as condições de crescimento que influenciam o crescimento das árvores. O valor TVBP (valor t de acordo com Baillie e Pilcher, 1973) é uma medida da sincronização de duas cronologias. Um valor TVBP de pelo menos 3,5 indica um elevado grau de sincronização entre as cronologias. A significância estatística é definida pelo valor de p. Um valor de p inferior a 0,05 indica que a correlação é significativa e que a probabilidade de uma correlação aleatória é baixa. À medida que o valor p diminui, a significância da correlação aumenta.

2.7 Aumento da superfície terrestre

O GFZ descreve o aumento anual do número de caules. Uma vantagem do GFZ em comparação com o JRB é o facto de não existir uma "tendência de idade" a longo prazo no GFZ, como acontece no JRB. Isto significa que as tendências de crescimento a longo prazo podem ser analisadas.

O GFZ foi calculado através da seguinte fórmula:

$$GFZ = \pi \left(r_a^2 - r_i^2 \right)$$

$_a$Aqui, r representa o raio do limite do anel anual e n o raio do anel interior. O GFZ foi calculado com base nas 80 séries temporais médias ou indivíduos.

Foi utilizado um teste t unilateral para amostras independentes para determinar as diferenças no GER para o período de 1976 a 2016 entre os CV (classe 1, classe 2 e classe 3).

2.8 Idade cambial

Ao visualizar o crescimento radial por idade cambial, os JRBs ou GFZs são apresentados utilizando a sequência de anéis anuais (começando com 1 para o primeiro anel anual na zona medular). Deste modo, é possível identificar tendências importantes ou relacionadas com a idade no crescimento radial. 80 *indivíduos de Juniperus* communis foram divididos em dois grupos etários: < 50 anos e > 50 anos. O grupo etário < 50 anos representou 34 indivíduos e o grupo etário > 50 anos 46 indivíduos. Além disso, os indivíduos foram divididos em três classes em função da sua vitalidade. Um total de 36 indivíduos foi classificado como de alta CV, 25 indivíduos como de média CV e 19 indivíduos como de baixa CV.

2.9 Determinação dos anos extremos

O GFZ foi utilizado para determinar os anos de crescimento extremo. A fórmula para calcular o valor extremo é

$$= \frac{GFZ_x \times \bar{x}(GFZ_{ax})}{STD}$$

Ano de crescimento extremo =

$_x$GFZ = GFZimJahrx

$\bar{x} =$ Valor médio

GFZsx = GFZ dos três anos anteriores do ano x

STD = Desvio padrão na GFZ de todos os anos

Esta fórmula foi utilizada para calcular os anos de crescimento extremo para o período de 1911 a 2023.

2.10   A normalização e a relação clima-crescimento

O termo "tendência etária" designa todas as alterações do incremento anual relacionadas com a idade e o seu curso, velocidade e influência de factores internos e externos. A tendência da idade é assim definida como a diminuição do JRB com o aumento da idade e da altura do caule devido ao aumento da circunferência do caule cada vez maior (Schweingruber, 1983).

Na dendrocronologia, a normalização, também designada por indexação, permite a comparação de JRBs provenientes de diferentes núcleos de perfuração. As flutuações biológicas-occológicas a longo prazo, que dificultam uma comparação direta, são eliminadas. As alterações ecológicas das condições ambientais, como as alterações da concorrência e as influências endógenas, como a idade e as tendências de tamanho, influenciam o crescimento radial das plantas e conduzem a flutuações de crescimento a longo prazo (Fritz, 1976; Biasing et al., 1984; Gruber et al, 2010). A indexação permite tirar conclusões sobre as alterações de crescimento induzidas pelo clima.

Com a ajuda do programa ARSTAN Versão 6.02 (Holmes 1994), a indexação é possível tanto para as cronologias simples como para as cronologias médias. O ARSTAN utiliza um procedimento duplo de eliminação de tendências com a ajuda de modelação autoregressiva (cronologias residuais). O valor medido do ano atual (Xi) é dividido pelo valor medido da função de igualização *(xf)* (Schweingruber, 1983).

$$I_i = \frac{x_i}{x_i^0}$$

$_t I$ = Valor do índice

$x_i =$ Valor medido da série de valores medidos

$x_i^0 =$ Valor medido da função de igualização (valor tendencial do ano respetivo)

A cronologia do índice mostra apenas os desvios da média normalizada a longo prazo, o que significa que o valor flutua em torno de 1. Foram recolhidos os seguintes parâmetros estatísticos. A sensibilidade média é um MaR que expressa em percentagem a intensidade da alteração entre dois valores consecutivos numa série temporal. Refere-se ao valor médio da cronologia e mostra a intensidade da flutuação média do JRB de ano para ano (Schweingruber, 1983). A autocorrelação é uma medida da semelhança numa série cronológica com uma deslocação temporal de um a vários anos. Fornece informações sobre a correlação de uma cronologia. Se o ano anterior tiver uma forte influência sobre o ano seguinte, então o coeficiente de correlação é significativo. Neste caso, o

As séries temporais são deslocadas por um anel de árvore e depois comparadas ou sincronizadas (Schweingruber 1983). O desvio padrão é uma medida da dispersão dos valores em relação ao valor médio calculado. A relação sinal/ruído (SNR) fornece informações sobre a homogeneidade do crescimento radial dos indivíduos amostrados, sendo que um valor elevado indica uma elevada qualidade dos dados (geralmente um sinal climático pronunciado). O Sinal de População Expressa (EPS) é uma medida da consistência dos dados dos anéis de árvores numa amostra. Um valor próximo de 1 indica uma elevada representatividade e concordância dos dados (Wigley et al., 1984). A variância explicada (EV 1) indica a intensidade da influência dos factores climáticos no crescimento radial (Fritts, 1976).

2.11 Correlação móvel entre clima e crescimento

O programa DendroClim 2002 (Biondi, 1997; Biondi e Waikul, 2004) foi utilizado para analisar a relação estatística entre o crescimento das árvores e o clima no que respeita às suas alterações temporais. As variáveis climáticas mensais (temperatura e precipitação) e as séries indexadas de anéis de árvores foram utilizadas como valores de partida. A análise foi efectuada passo a passo, tanto para intervalos de tempo únicos como múltiplos. O método da função de resposta móvel funciona com um número fixo de anos (período) que é deslocado passo a passo para calcular os coeficientes (Biondi, 1997; Biondi e Waikul, 2004). Os cálculos foram efectuados ao longo de um período sobreposto de 40 anos, com início em 1911 e fim em 2023. Para os dados de temperatura e precipitação, foram utilizadas as médias de temperatura e os totais de precipitação de setembro do ano anterior a agosto do ano em curso. Os dados de precipitação e temperatura são da estação meteorológica de Otz de 1911 a 2023. Os dados de temperatura são calculados em média para cada mês e os totais de precipitação são totalizados por mês.

2.12 Índices de stress

A estabilidade de um ecossistema face a factores de stress pode ser definida por três parâmetros (índices de stress): Resistência, recuperação e resiliência. Estes parâmetros são utilizados para analisar os efeitos do stress da seca nos três CS. De acordo com Lloret et al. (2011), eles são definidos da seguinte forma:

Resistência: A resistência descreve a medida em que o desempenho é reduzido durante uma perturbação. É determinada pelo rácio entre a potência durante e antes de uma perturbação. Os valores de resistência podem ser superiores, inferiores ou iguais a 1. Valores inferiores a 1 indicam que o crescimento durante o período de seca é inferior ao desempenho do crescimento antes da fase de seca.

Recuperação: A recuperação descreve a capacidade de recuperação após ter sido afetada por um evento de perturbação. Valores de recuperação inferiores a 1 indicam um declínio no crescimento após uma fase seca.

Resiliência: A resiliência refere-se à capacidade de recuperar a capacidade de desempenho antes de um evento perturbador. É determinada pelo rácio entre o desempenho antes e depois de uma perturbação. Se a resiliência for inferior a 1, o desempenho do crescimento após o período de seca é inferior ao registado antes desta fase.

Estes parâmetros são calculados com a ajuda do GFZ.

$$\text{Resistência} = \frac{GFZ_x}{\bar{x}\,(GFZ\ Vorjahr_{3x})}$$

$$\text{Lazer} = \frac{\bar{x}\,(GFZ\ Folgejahr_{3x})}{GFZ_x}$$

$$\text{Resiliência} = \frac{\bar{x}\,(GFZ\ Folgejahr_{3x})}{\bar{x}\,(GFZ\ Vorjahr_{3x})}$$

$_x$GFZ = GFZimJahrx

GFZ anos anterioresx = GFZ dos três anos anteriores do ano x

GFZ do ano seguintex = GFZ dos três anos seguintes ao anox

$\bar{x} =$ Valor médio

3 Resultados

3.1 Idade da árvore, diâmetro do tronco, altura do tronco e profundidade do solo

O quadro 1 apresenta os parâmetros estatísticos das cronologias de anéis de crescimento do *povoamento de Juniperus* communis (n = 80). O indivíduo mais velho tem 126 anos e o mais novo tem 16 anos. A idade média *a\\dos* indivíduos *de Juniperus communis* é de 51,9±22,7 anos e o JRB médio é de 0,979±0,189 mm. O baixo valor de autocorrelação (AC; r = 0,1404) indica uma baixa influência do ano anterior no crescimento do ano seguinte. O MS (0,2) mostra que *o Juniperus communis* reage de forma sensível às condições ambientais. Assim, as condições ambientais têm influência no crescimento radial do caule. O SNR de 10,05 indica uma elevada qualidade dos dados. O EPS de 0,971 indica uma boa representação da amostra de uma população. O EVI é de 24,08 %.

A Tabela 1 também mostra os parâmetros estatísticos de todas as classes de teste (VCs). A VC 1 (n = 36) tem uma idade média de 45±21,9 anos. A idade máxima é de 126 anos e a idade mínima é de 16 anos. A JRB média é de 0,989-10,121 mm e a CA é de 0,0349. A MS é de 0,14, o que indica uma sensibilidade mais baixa em comparação com a população total. O SNR de 6,763 indica uma boa qualidade dos dados. O EPS tem um valor de 0,958 e o EVI é de 26,6%, o que mostra um forte domínio da tendência principal nos dados.

O RU 2 (n = 25) tem uma idade média de 31129,7 anos. A idade máxima é de 126 anos e a mínima de 17 anos. A JRB média é de 0,97710,21 mm e a CA é de 0,208. O valor MS é de 0,193, o que revela uma maior sensibilidade em comparação com o VC 1. O valor SNR de 2,408 indica uma qualidade de dados inferior. O EPS é de 0,898, indicando uma representação ligeiramente inferior da população, e o EVI é de 26,61%.

O RU 3 (n = 19) tem uma idade média de 28121,9 anos. A idade máxima é de 109 anos e a idade mínima é de 21 anos. A JRB média é de 0,977-10,27 mm e a CA é de 0,0652. O valor MS é de 0,267, o que revela a sensibilidade mais elevada entre as CV. O SNR de 2,316 indica a qualidade de dados mais baixa. O valor EPS é de 0,912 e o EVI é de 23,98%.

Quadro 1: Parâmetros estatísticos das cronologias de Juniperus communis
n = número; JRB = largura do anel de árvore; AC = autocorrelação; MS = sensibilidade média; SNR = rácio sinal/ruído; EPS = sinal de população expresso; EVI = variância explicada (calculada utilizando cronologias residuais; 1898 - 2023)

	n	Idade (anos) Mín/Máx	Idade (anos) MW±STD	JRB (mm) MW±STD	AC	EM (%)	SNR	EPS	EVI (%)
Juco_80	80	16/126	51.9±22.7	0.979±0.189	0.1404	0.2	10.05	0.971	24.08
Vit 1	36	16/126	45±21.9	0.989±0.121	0.0349	0.14	6.763	0.958	26.6
Vit2	25	17/126	31±29.7	0.977±0.21	0.208	0.193	2.408	0.898	26.61
Vit3	19	21/109	28±21.9	0.977±0.27	0.0652	0.267	2.316	0.912	23.98

Como se pode ver na Figura 10a, *os indivíduos de Juniperus* communis são classificados por grupo etário da seguinte forma: Um indivíduo tem menos de 20 anos, 55 indivíduos estão na faixa etária de 21 a 55 anos, 42 indivíduos têm entre 56 e 90 anos, 6 indivíduos têm entre 91 e 125 anos e 2 indivíduos têm 126 anos. A idade média dos indivíduos amostrados na altura da recolha de amostras é de 58,5 anos. 40 indivíduos têm um diâmetro inferior a 4,5 cm, 32 indivíduos têm um diâmetro entre 4,6 e 5,5 cm, 19 indivíduos têm um diâmetro entre 5,6 e 6,5 cm, 16 indivíduos têm um diâmetro entre 6,6 e 7,5 cm e 13 indivíduos têm um diâmetro superior a 7,6 cm (ver 10b). O diâmetro médio é de 5,4 cm. A distribuição da altura do caule na Figura 10c mostra que a maioria dos indivíduos tem uma altura entre 1 e 3 metros. Concretamente, 42 indivíduos têm menos de 275 cm de altura, 36 indivíduos têm entre 276 e 350 cm de altura, 16 indivíduos têm entre 351 e 425 cm de altura, 12 indivíduos têm entre 426 e 500 metros de altura e 14 indivíduos têm mais de 500 cm de altura. O valor médio aqui é de 338 cm. A figura 10d ilustra a variação considerável da profundidade do solo. Esta foi medida para cada indivíduo. Foi registada uma profundidade do solo inferior a 4 cm em 4 locais de estudo, em 22 locais entre 4,1 e 6 cm, em 37 locais entre 6,1 e 8 cm, em 28 locais entre 8,1 e 10 cm e em 29 locais a profundidade do solo foi superior a 10 cm. A profundidade média do solo foi de 8,5 cm.

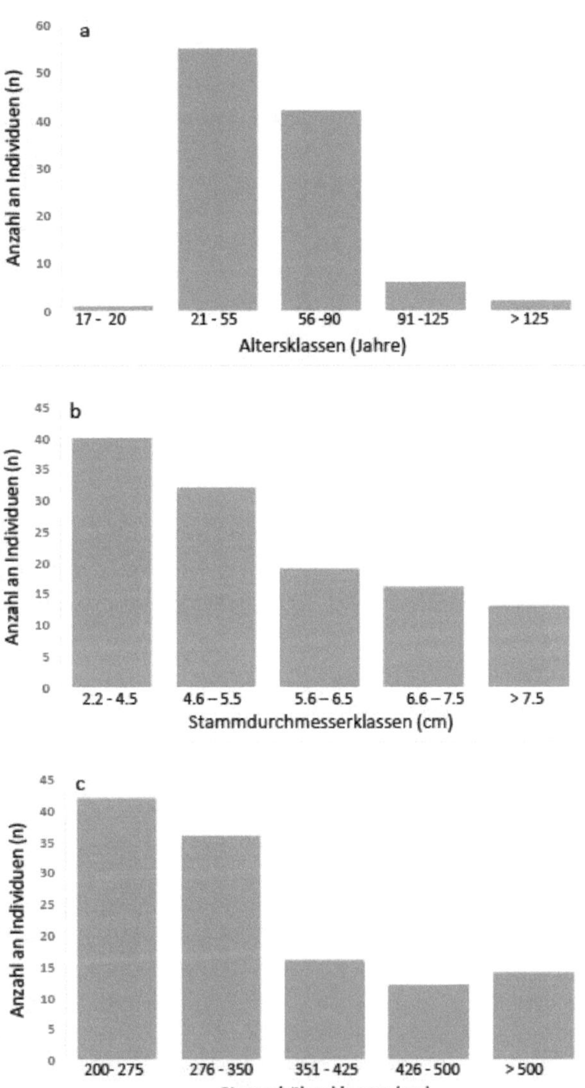

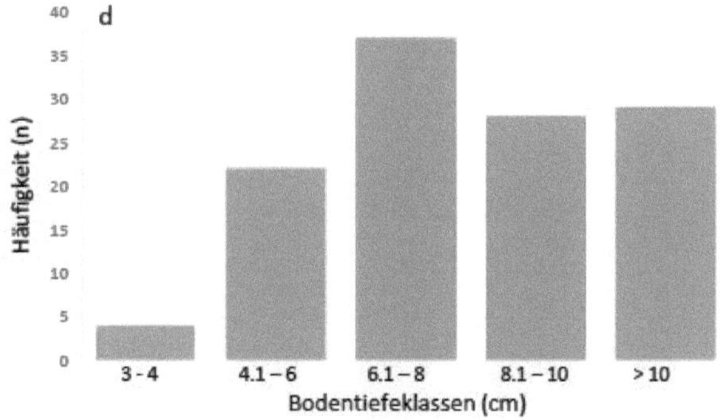

Figura 10: Distribuição de frequência da idade, diâmetro do tronco, altura do tronco e profundidade do solo
(a) classes de idade (b) classes de diâmetro do caule (c) classes de altura do caule (d) classes de profundidade do solo (n = 106)

[2] O diâmetro do tronco e a altura do tronco apresentam uma correlação baixa (P>0,05), com R com um valor de 0,1016 (ver Figura 11a). A Figura lib mostra que a profundidade do solo e a altura do tronco não estão correlacionadas entre si. [2]A correlação entre a profundidade do solo e o diâmetro do caule apresenta um valor R de 0,0395, o que indica que também aqui não existe correlação entre os dois parâmetros (ver Figura 11c). A figura lida não mostra qualquer correlação entre a idade e a altura do caule. [2]Não existe correlação entre a idade e o diâmetro do caule (R = 0,0589; ver Figura lie).

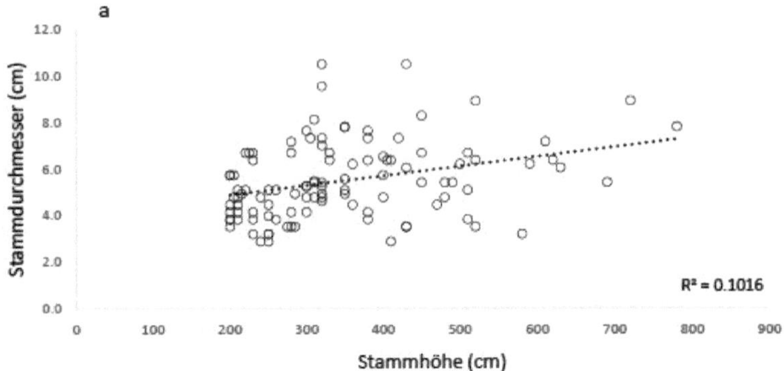

a
Stammdurchmesser (cm)
12.0
10.0
8.0
6.0
4.0
2.0
0.0
R² = 0.1016
0   100   200   300   400   500   600   700   800   900
Stammhöhe (cm)

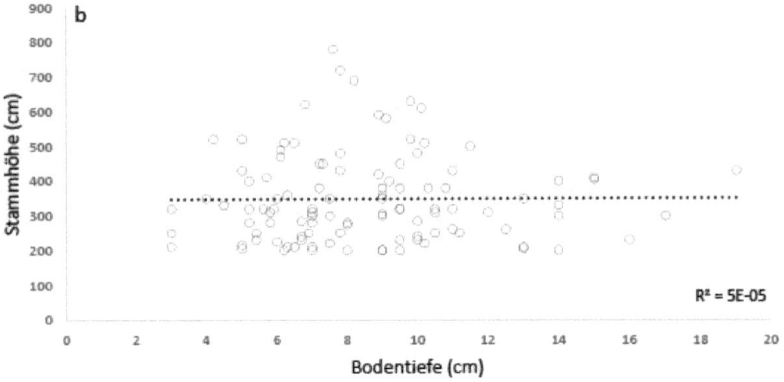

b
Stammhöhe (cm)
900
800
700
600
500
400
300
200
100
0
R² = 5E-05
0   2   4   6   8   10   12   14   16   18   20
Bodentiefe (cm)

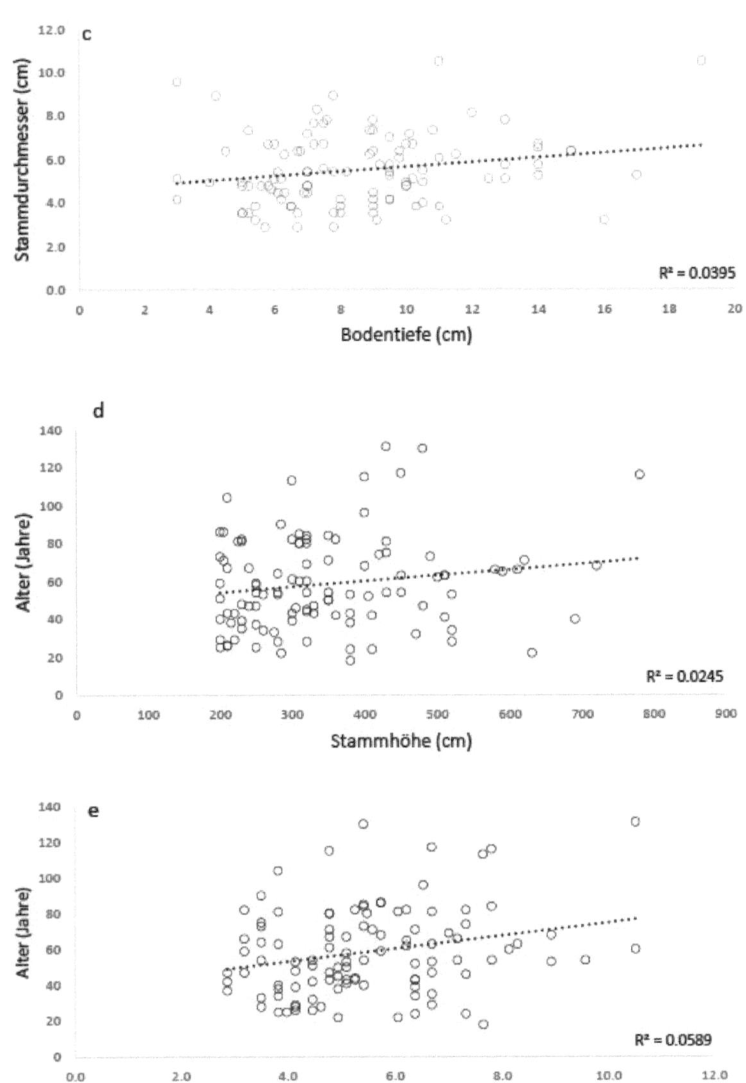

Abbildung 11:   Correlação linear entre: (a) diâmetro do caule e altura do caule (b) profundidade do solo e altura do caule (c) profundidade do solo e diâmetro do caule (d) idade e altura do caule (e) idade e diâmetro do caule   (n = 106)

A figura 12 ilustra a profundidade do solo em relação ao CV registado de *Juniperus communis*. Mostra que a diminuição da vitalidade dos indivíduos está relacionada com a profundidade do solo. A profundidade média do solo é de 9,4 ± STD cm para os indivíduos do SC 1, 8,3 ± STD cm para o SC 2 e 7,5 ± STD cm para o SC 3.

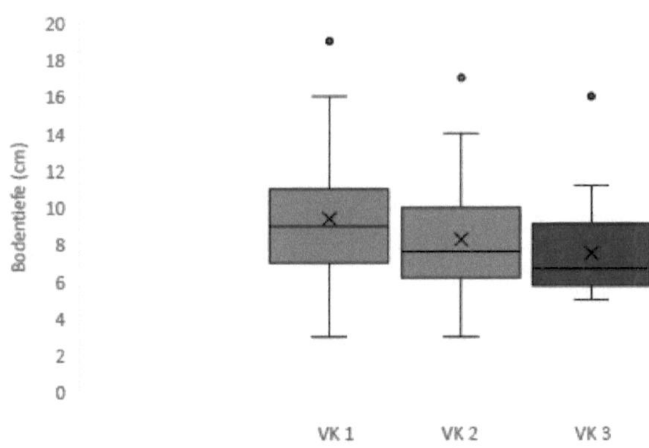

Abbildung 12:   Profundidade do solo em relação à vitalidade dos indivíduos amostrados
Cada caixa representa a profundidade do solo da respectiva vitalidade. O ponto superior mostra a profundidade do solo mais profunda medida por vitalidade. (Bigodes = desvio padrão; linha no boxplot = valor mediano; x = valor médio; verde = VK 1 (n = 36); laranja = VK2(n = 25); vermelho = VK3 (n = 19))

12.2   Parâmetros estatísticos das séries cronológicas de crescimento

A cronologia média de 80 indivíduos (2410080_mean) e a dos VK 1 (24101_Vit), 2 (24102_Vit) e 3 (24103_Vit) foram comparadas com a cronologia do pinheiro (K241_MKn78; Drexler 2020) (Tabela 2).

Quadro 2: Valores estatísticos das cronologias de anéis de árvores dadas com a cronologia do pinheiro K241_MKn78 de Drexler (2020)   2410080_Mittel representa a cronologia média de 80 Juniperus communis síncronos.
24101_Vit representa a cronologia média com o Juniperus communis do VK 1, 24102_Vit representa o VK2 e 24103_Vit representa o VK3. (OVL = comprimento de sobreposição, GLK = sincronização, TVBP = valor t de Baillie e Pilcher)

Cronologia	OVL	GLK	TVBP
2410080_Mediu m	121	54	1.4
24101_Vit	121	56	3
24102_Vit	106	54	1.5
24103_Vit	105	45	0.7

O quadro 3 mostra a comparação dos três RU com os valores estatísticos. A comparação entre o RU 1 e o RU 2 mostra uma semelhança de 69%, enquanto a comparação entre o RU 2 e o RU 3 e também entre as séries cronológicas do RU 1 e do RU 3 mostra uma semelhança de 66%. Um valor de TVBP superior a 4,5 indica um elevado grau de sincronização entre duas cronologias. Este valor é de 5,2 para o RU 1 e o RU 2, de 2,2 para o RU 2 e o RU 3 e de 1,6 para o RU 1 e o RU 3, o que mostra que o RU 1 e o RU 2 estão altamente sincronizados. VK 2 e VK 3 têm uma sincronização significativamente mais fraca e VK 1 e VK 3 a mais baixa.

Quadro 3: Valores estatísticos e comparação dos três RU
VKl(n = 36); VK2(n = 25); VK3(n = 19)
*OVL = comprimento de sobreposição, GLK = sincronização, TVBP = valor t de Baillie e Pilcher, DateL = data de início, DateR = data de fim, *** = P<0,001*

Amostra	Ref.	OVL	GLK		TVBP	DataL	DataR
VK1	VK2	111	69	***	5.2	1898	2023
VK2	VK3	110	66	***	2.2	1913	2023
VK1	VK3	110	66	***	1.6	1898	2023

12.3 Cronologias de crescimento

A figura 13 mostra as cronologias JRB de todos os 80 *indivíduos de Juniperus* communis (cinzento) durante o período de 1898 a 2023. A série temporal média mostra um ligeiro aumento no período apresentado (1898 a 2023). O aumento máximo é de 2,73 mm e o aumento mínimo é de 0,028 mm. Com o aumento do número de amostras, a dispersão das cronologias JRB também aumenta.

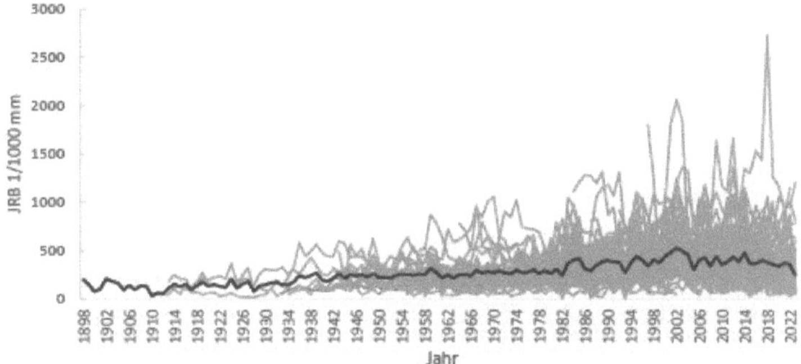

Figura 13: Cronologias de largura de anéis de árvores (JRB) de todos os indivíduos de Juniperus communis datados (n=80) e a sua cronologia média (linha vermelha).

A Figura 14 mostra o JRB médio de 80 cronologias sincronizadas de *Juniperus communis* para o período de 1898 a 2023. A partir de 1935, é dada uma amostra de 5 indivíduos. Verifica-se um ligeiro aumento de aproximadamente 150 pm durante todo o período.

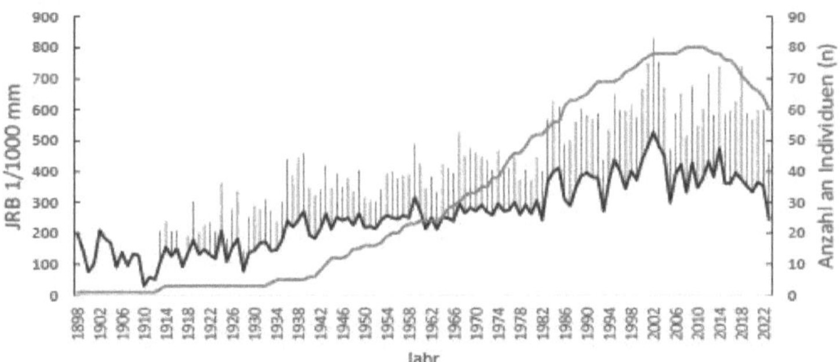

Figura 14: Cronologia de crescimento de Juniperus communis e número de amostras no período 1898-2023 (n = 80) (linha azul: largura do anel de árvore (JRB) com desvio padrão (para cima; preto); linha laranja: número de amostras)

A figura 15 mostra a variação da JRB em função da idade cambial. Para números de amostras > 10, observa-se um aumento constante a partir da idade cambial de 5 anos, sem uma tendência etária pronunciada.

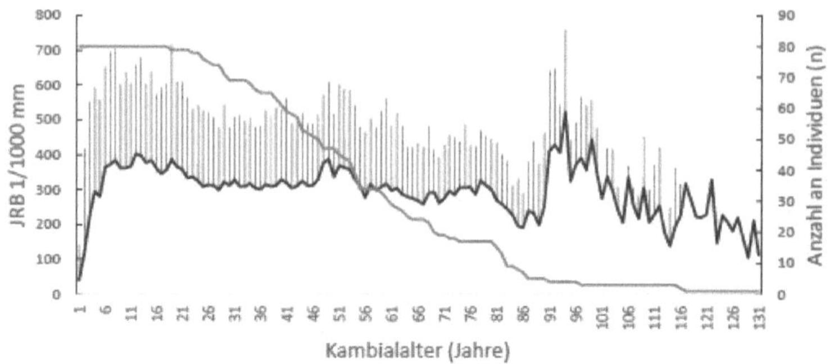

Figura 15: Crescimento radial médio de Juniperus communis por idade cambial linha azul: largura anual do anel (JRB) com desvio padrão
Linha laranja: número de amostras

Os 80 indivíduos foram então divididos em dois grupos etários (Figura 16). Para o grupo etário > 50 anos, a cronologia de crescimento começa em 1901 e termina em 2023. A partir de 1934, o número de amostras é superior a 5 indivíduos e aumenta ao longo do tempo para 47 indivíduos. Para o grupo etário < 50 anos, a cronologia de crescimento começa em 1977 e também termina em 2023. A partir de 1980, o número de amostras é igual a 5 indivíduos e aumenta até um máximo de 33. Para cada série cronológica de CCI, foi calculado um valor médio para um período total de 30 anos. Este período foi escolhido entre 10 e 40 anos, a fim de garantir que os indivíduos amostrados já tinham 10 anos quando os núcleos foram recolhidos (ver Figura 17a). O valor médio para a cronologia dos indivíduos mais velhos é de 153 pm ± 52 STD, enquanto a cronologia dos indivíduos mais jovens é de 456 pm ± 80 STD.

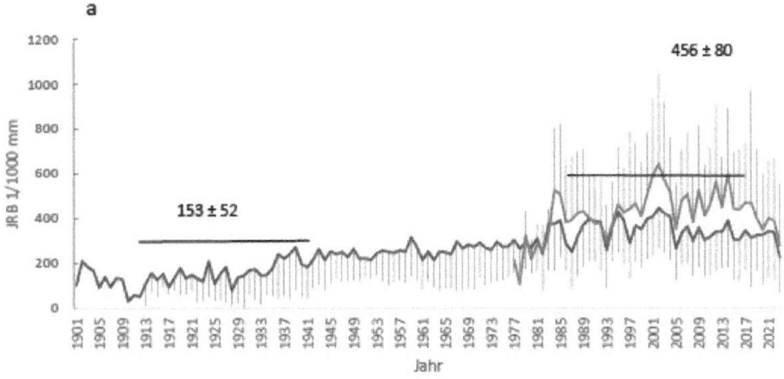

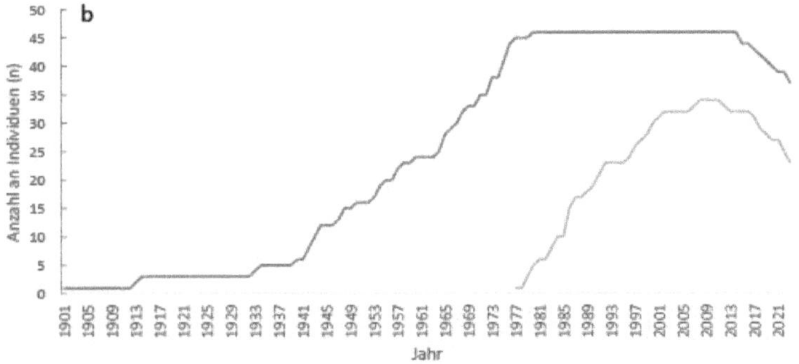

Figura 16: Crescimento radial do tronco e número de indivíduos no período de 1898 a 2023, divididos em dois grupos etários.
(a) linha azul escura: idade > 50 anos; linha azul clara: ♦ 50 anos; linhas finas pretas: desvio-padrão (DPI); linhas pretas grossas: Valor médio do JRB de 30 anos e o desvio padrão
(b) linha laranja escura: idade > 50 anos; linha laranja clara: ♦ 50 anos

Os 80 indivíduos foram também divididos em VCs e foi criada uma cronologia média de crescimento radial para cada classe (ver Figura 17a). A Figura 17b mostra o número de indivíduos nos três VCs durante o período de 1898 a 2023.

É notório que os valores têm uma dispersão pronunciada (STD elevado), mostram em grande medida uma tendência de crescimento semelhante até 1990 em todos os RU, após 1990 pode observar-se uma tendência decrescente no crescimento do RU3, ou seja, há uma diferença crescente no crescimento radial especialmente entre o RU1 e o RU3 e o crescimento radial em todos os RU está a diminuir na última década

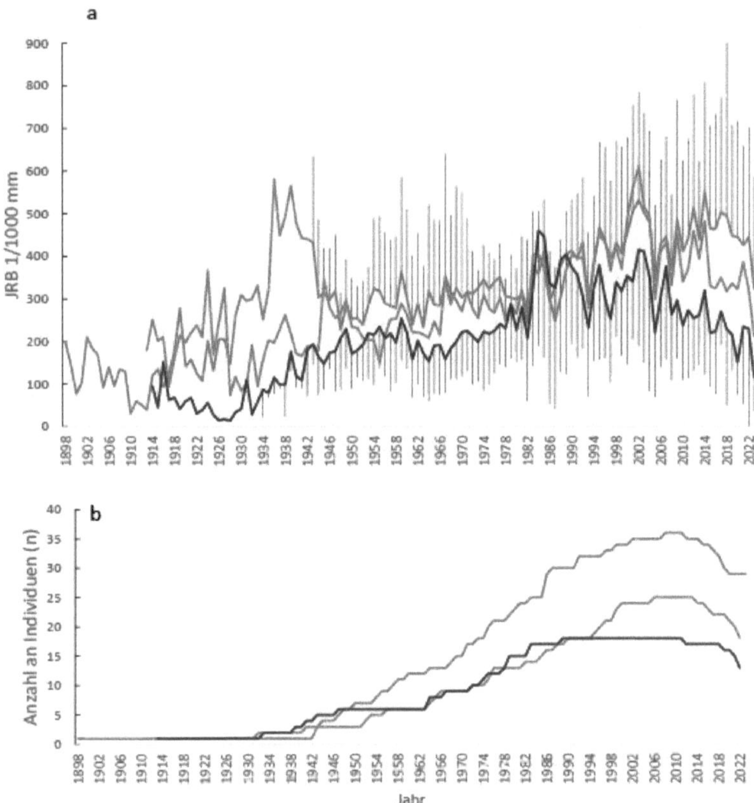

Figura 17: Crescimento radial do caule {a) e número de indivíduos {b) no período de 1898 a 2023 dividido em três classes de vitalidade {VK). Verde: VC 1 {VC < 10 %); laranja: VC 2 {VC 10 - 50 %); vermelho: VC 3 {> 50 %); linhas dOnne pretas: desvio padrão {STD).

26

3.4 Aumento da superfície de base

A Figura 18 mostra o GFZ de todos os 80 *indivíduos de Juniperus* communis (cinzento) durante o período de 1898 a 2023. A série temporal média mostra um ligeiro aumento, de 0,1 a 0,6 p.m, do GFZ ao longo do período, enquanto o valor máximo de um indivíduo é de 3,79 p.m e o valor mínimo é de 0,03 p.m. À medida que o número de amostras aumenta, a dispersão do GFZ também aumenta.

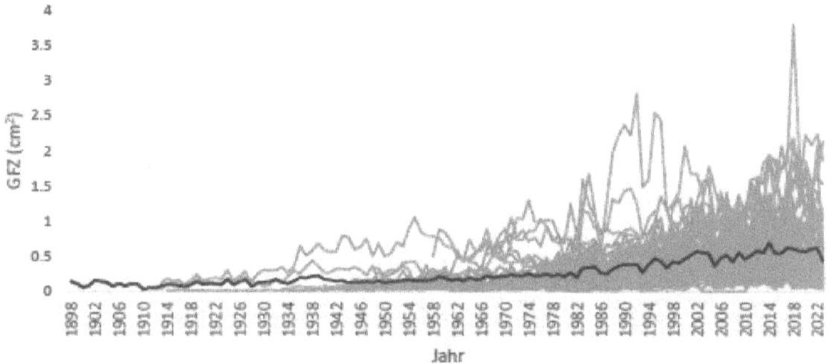

Figura 18: GFZ de todos os indivíduos datados de Juniperus communis (n=80) e a sua cronologia média (linha vermelha).

A Figura 19 mostra que a GFZ aumenta no período de 1898 a 2023. [22]Começa em 0,14 cm e termina em 0,44 cm . A partir de 1983, o crescimento aumenta muito acentuadamente e estabiliza após 2014. Em 1982, 1986, 1987, 1993, 1997, 2005 e 2015, regista-se uma quebra significativa do crescimento, que volta a aumentar no ano seguinte. Verifica-se igualmente uma quebra do crescimento em 2023.

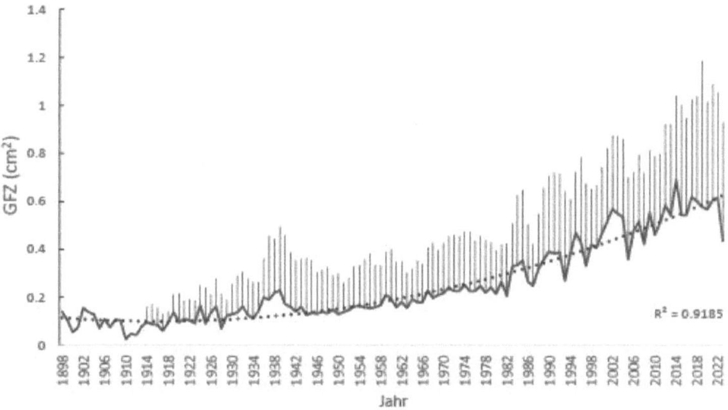

[2]*Figura 19: GFZ no período de 1898 a 2023 (função polinomial da linha de tendência; y = 0,00005x - 0,0018x + 0,1158)*

[2]A profundidade do solo não apresenta correlação com o GFZ, o coeficiente de determinação (R) é de 0,0002 (ver Figura 20). O crescimento radial dos indivíduos com diferentes desbastes de copa (= VC 1-3) também não foi estatisticamente relacionado de forma significativa com a profundidade do solo estudado devido à dispersão pronunciada do JRB e do GFZ.

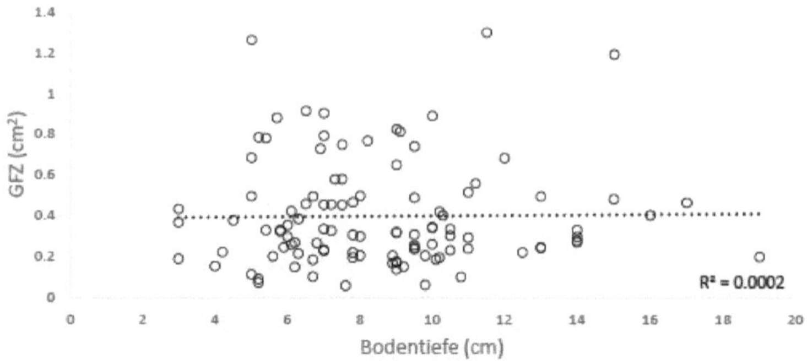

Figura 20: Correlação linear entre o GFZ e a profundidade do solo

O GFZ foi também criado para as classes etárias > 50 e < 50 anos (Figura 21). As séries temporais dos indivíduos mais velhos mostram uma cronologia semelhante à dos 80 indivíduos. No entanto, as quedas de crescimento são mais claras e mais pronunciadas do que na cronologia média de todos os 80 indivíduos. O GFZ dos indivíduos < 50 anos apresenta um forte aumento até 2014 e diminui nos anos seguintes.

As quebras de crescimento são também claramente reconhecíveis aqui, mas não tão pronunciadas como no grupo etário > 50 anos.

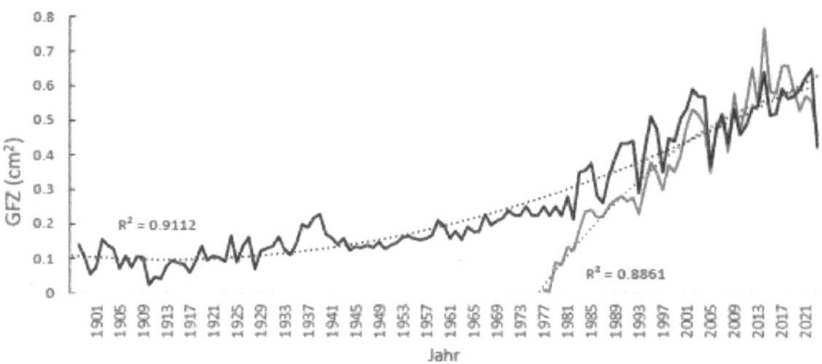

[2]Figura 21: GFZ de ambos os grupos etários de 1898-2023 (azul escuro: > 50 anos; y = 0,0005x - 0,0015x + 0,11 azul claro: < 50
[2]anos; y = -0,0002x + 0,0575x - 3,2171; linhas de tendência função polinomial)

A BER dos três CVCs é apresentada na Figura 22. O CV1 tem a taxa de crescimento mais elevada e o CV3 a mais baixa. Observa-se um aumento em todos os CVC até 2003 e, após a quebra de crescimento em 2005, regista-se um novo aumento do SPC para o CV1 até 2014; verifica-se uma tendência constante para o CV2 e uma tendência decrescente para o CV3. Os anos de crescimento extremo são claramente reconhecíveis pela quebra de crescimento. O SPC difere estatisticamente de forma significativa (P<0,05) entre VC1 e VC2 nos anos 2009 e 2010, bem como 20152020, 2022 e 2023. O SPC difere significativamente entre VC2 e VC3 nos anos 1967-1969, 1971, 1973, 1976, 1980, 2001, 2009, 2012- 2014, 2016, 2019-2023.

As diferenças mais acentuadas (P<0,05) no GER existem entre o CSF1 e o CSF3, nomeadamente nos anos 1968, 1974, 1980, 1985, 1991-2006, 2008-2023.

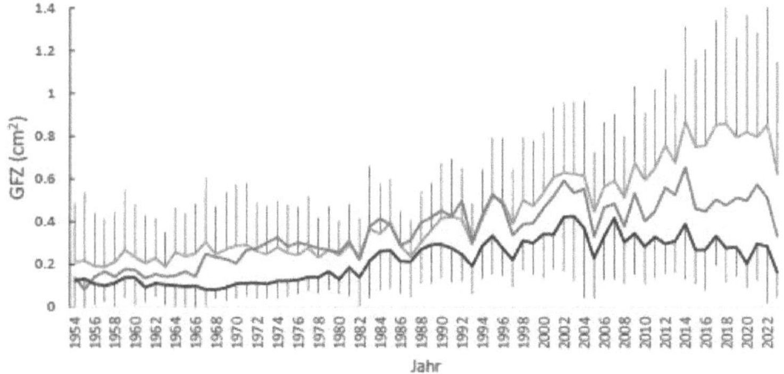

Figura 22: GFZ de Juniperus communis (n: 80) durante o período de 1954 a 2023 dividido em três classes de vitalidade (VC) (verde: VC 1 (KV < 10 %); laranja: VC 2 (KV10 - 50 %); vermelho: VC 3 (> 50 %); linhas pretas e finas: desvio padrão (STD))

3.5 Relação clima-crescimento

A figura 23 mostra o coeficiente de correlação (r) em relação à temperatura ou à precipitação para cada mês, de abril do ano anterior a setembro do ano atual, num período de 1984 a 2023. Em setembro do ano anterior, a precipitação tem uma influência positiva significativa no crescimento do caule (r= 0,321, p= 0,044).

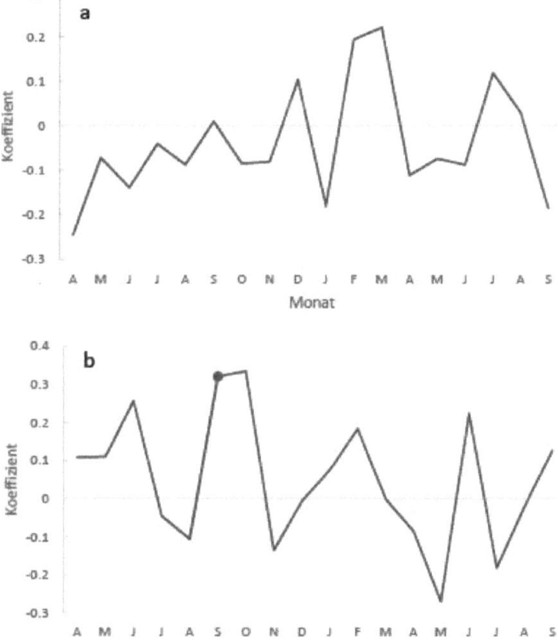

A influência dos parâmetros climáticos sazonais no crescimento radial do caule foi analisada através de uma análise de correlação linear (correlação produto-momento de Pearson). Foi utilizada a cronologia de crescimento normalizada e os valores médios sazonais e mensais da temperatura e os totais de precipitação foram utilizados como parâmetros climáticos. Os resultados da análise são apresentados no Quadro 5. O crescimento do caule é significativamente limitado pela precipitação do ano anterior durante os meses de abril, maio e junho (p < 0,05).

Quadro 4: Coeficiente de correlação de Person (r) da relação clima-crescimento entre a cronologia de crescimento de Juniperus communis e os parâmetros climáticos sazonais (temperatura e precipitação/para o período de 1984 a 2023 (Fr = primavera; AMJ = abril, maio, junho; So = verão; Her = outono; Wi = inverno Vermelho: significativo (p <0,05))

Coeficiente de correlação	1984-	2023				Últimas notícias	Ano	
	Ano anterior							
Temperatura	Sex	AMJ	Assim	Ela	Wi	Sex	AMJ	Assim
r	-0.134	-0.219	-0.13	-0.088	0.125	-0.02	-0.129	0.013
P	0.436	0.174	0.423	0.591	0.442	0.901	0.428	0.935
Precipitação								
r	0.168	0.333	0.029	0.115	0.06	-0.024	-0.791	-0.004
P	0.301	0.036	0.857	0.478	0.715	0.134	0.628	0.979

A Figura 24 mostra uma curva de correlação móvel entre a precipitação de abril a junho e o crescimento durante o período de 1951 a 2023. A Figura 24a mostra a correlação entre o crescimento e a precipitação no ano atual, enquanto a 24b mostra a do ano anterior.

A correlação deslizante entre o crescimento e a precipitação de abril a junho do ano em curso não apresenta correlação significativa. No entanto, a influência da precipitação de abril a junho do ano anterior mostra uma tendência oposta (Figura 24b) e mostra uma influência estatisticamente significativa no crescimento radial nos últimos períodos.

Figura 24: Correlação deslizante entre a precipitação de abril-junho e o crescimento radial de Juniperus communis (período 1951-202); linha tracejada: até 5 n linha sólida: n acima de 5 círculo preenchido: correlação significativa (P<0,05) (a) Correlação entre o crescimento e a precipitação de abril-junho do ano em curso (b) Correlação entre o crescimento e a precipitação de abril-junho do ano anterior

A Figura 25 também mostra curvas de correlação. Uma para a temperatura da primavera (março - maio) do ano em curso e outra para a temperatura do verão (junho - agosto) do ano em curso. Como se pode ver na Figura 25a, não há correlação entre o crescimento e a temperatura da primavera do ano anterior. Tendência crescente na correlação com a temperatura do verão, embora ainda não significativa.

Figura 25: Curvas de correlação deslizantes entre o crescimento radial e a temperatura do ano atual de Juniperus communis de 1951 a 2023; linha tracejada: até 5 n linha sólida: acima de 5 n
(a) Correlação entre o crescimento e a temperatura média de março a maio
(b) Correlação entre o crescimento e a temperatura média de junho a agosto

3.6 Quebras extremas de crescimento

A identificação dos anos extremos baseou-se no GFZ para o período de 1934 a 2023 (ver Figura 26). As quedas e recuperações extremas do crescimento são apresentadas na Figura 26. As quebras de crescimento mais acentuadas ocorreram em 1993, 1997, 2005 e 2023 (2005: -1,16 STD).

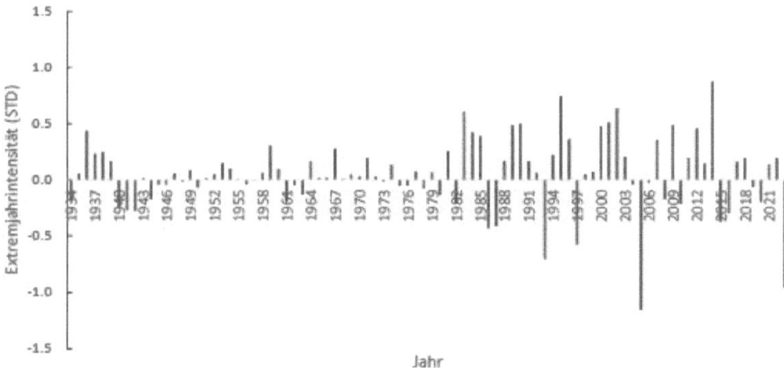

Figura 26: Determinação dos anos extremos do período de 1934 a 2023 com base na ZFG de Juniperus communis (n = 80) os valores negadve/posidve significam um desvio de crescimento que varia entre -1,5 e +1,5 STD

Os anos de crescimento negativo extremo foram determinados separadamente para os três RU (ver Figura 27). Existem algumas diferenças entre os três RU. Se o valor limite para a atribuição de um ano de crescimento extremo negativo for fixado em 0,5 STD, então os anos de crescimento extremo 1987, 1993, 1997, 2005 e 2023 ocorrem no VC1, os anos 1986, 1993, 1997, 2005 e 2023 no VC2 e os anos 1993, 1997, 2005, 2010, 2015, 2016, 2020 e 2023 no VC3. O VK3 regista o maior número de anos de crescimento negativo extremo. A quebra no crescimento é também mais pronunciada no RU 3 do que nos outros dois, embora seja mais baixa no RU 1. O ano extremo de 2005 regista a queda mais acentuada do crescimento em todas as classes, seguido do ano de 2023.

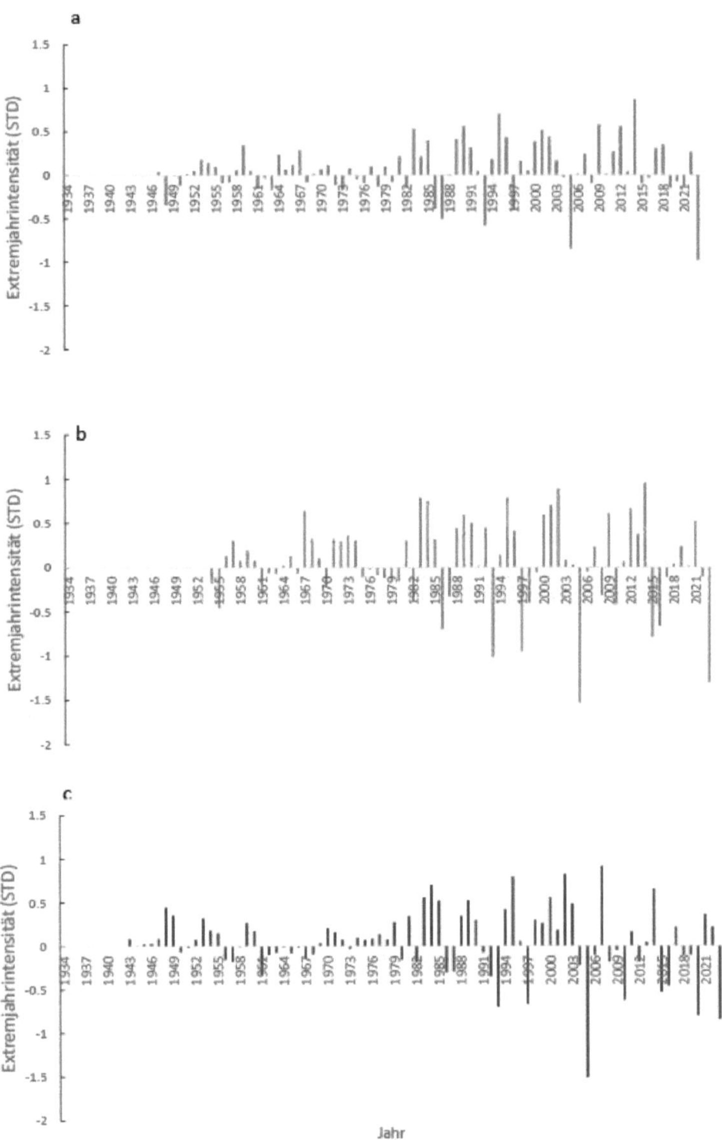

Figura 27: Determinação do ano extremo do período de 1934 a 2023 com base na ZFG de Juniperus communis em Dependência do Reino Unido
os valores negadve/posidve significam um desvio de crescimento em unidades de desvio padrão que variam entre -2 e +1,5 (a)VKI (b)VK2(c)VK3

A Tabela 6 mostra os valores de temperatura e precipitação de abril a junho para cada um dos anos de crescimento extremo (1986, 1993, 2005, 2015 e 2023). O período de 1994 a 1997 também é apresentado para analisar a recuperação. Os valores de precipitação são baixos no ano anterior a um ano de crescimento extremo.

34

Tabela 5: Valores de precipitação e temperatura (abril-junho, primavera, verão) em épocas de crescimento extremas
Azul claro: precipitação abaixo da média a longo prazo; azul escuro: precipitação acima da média a longo prazo; vermelho claro:
temperatura acima da média a longo prazo

Anos de crescimento	abril-JunhoT	abril-JunhoNS	FrNS	SONS
MW	11.8	200	129	321
1985	11.2	200.0	117.0	182.0
1986	12.1	209.0	95.0	439.0
1992	12.1	159.6	116.8	286.8
1993	13.2	185.0	189.5	248.4
1994	11.9	212.9	117.6	375.2
1995	11.0	209.3	131.2	266.5
1996	12.5	182.1	138.3	363.3
1997	11.0	223.2	141.0	343.8
2004	11.6	94.3	121.8	297.2
2005	13.2	166.7	94.4	195.1
2014	13.1	231.9	153.8	258.8
2015[1]	12.8	273	156.2	363.1
2022	14.2	251.7	107.7	420.5
2023	13.5	249.9	119.9	345.5

3.7 Índices de stress em anos de crescimento extremo

Os índices de stress - resistência, recuperação e resiliência - foram então apresentados para os três RU nos anos de 1986, 1993 e 2005. Estes anos extremos foram selecionados por abrangerem um período mais longo e por ocorrerem com intensidade variável em todos os RU.

A Figura 28 resume os dados, com os valores anómalos removidos. Os valores que eram demasiado altos ou demasiado baixos do que o intervalo normal do respetivo CV foram removidos. Em todos os três CVs, houve alguns indivíduos com maior/menor resistência, recuperação e resiliência do que todos os outros. O anexo (ver Figura A5) contém gráficos em que todos os indivíduos estão incluídos.

Em 1986, pode ver-se que a resistência da VK 1 é a mais elevada, com um valor de 0,84, enquanto as outras duas classes são bastante iguais, VK 2 0,76 e VK 3 0,79. Em 1993, todos os valores são também inferiores a 1 e estão bastante próximos uns dos outros, VK 1 0,7, VK 2 0,74 e VK 3 0,69, e em 2005 os valores são também inferiores a 1, com VK 1 a ter o valor mais elevado com 0,72, VK 2 0,61 e VK 3 o mais baixo com 0,57.

A recuperação é superior a 1 para os três RU, o que significa que apresentam uma boa recuperação. Em 1986, a recuperação do RU 3 é a mais elevada, 1,25, e a do RU 1 e do RU 2 é superior a 1 (1,046 e 1,072). Em 1993, todos os valores são mais elevados do que em 1986: o RU 1 é o mais elevado, com um valor de 1,59, o RU 2 tem um valor de 1,43 e o RU 3 tem um valor de 1,38. Em 2005, todos os RU apresentam igualmente uma boa recuperação, tendo o RU 3 o valor mais elevado de 1,44. O RU 2 apresenta uma recuperação ligeiramente inferior, com um valor de 1,43, e o RU 1 é o mais baixo, com um valor de 1,24.

Em 1986, a resiliência do RU 3 é superior a 1, com um valor de 1,17, enquanto o RU 1 é significativamente inferior, com 0,89 e o RU 2 com 0,9. Em 1993, todos os valores dos RU são superiores a 1, RU 1 1,14, RU 2 1,149 e RU 3 1,16. Em 2005, todos os valores dos RU são novamente inferiores a 1, RU 1 0,91, RU 2 0,84 e RU 3 0,88.

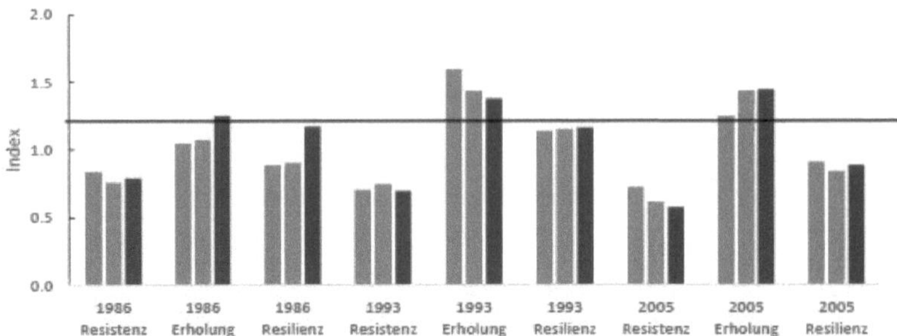

Figura 28: Índices de stress (resistência, recuperação e resiliência para os anos de 1986, 1993 e 2005) com base na Incremento da área basal de Juniperus communis em função da classe de vitalidade (VK) (verde: VK 1; laranja: VK 2; vermelho: VK 3; linha preta: valor limite 1)

3.8 Crescimento do caule de *Juniperus communis* em comparação com *Pinus sylvestris*

A cronologia de crescimento *do Pinus sylvestris* (n= 100) de Drexler (2020) é muito semelhante à cronologia do *Pinus sylvestris* do presente estudo (n= 10). Ambas as cronologias foram comparadas, uma vez que a série temporal do presente estudo foi alargada até 2023 (ver Figura 29). O quadro 7 mostra a sobreposição muito significativa do crescimento entre estas duas séries cronológicas. A sincronização das flutuações de crescimento das cronologias de *Pinus sylvestris* pode também ser claramente observada na Figura 30.

O SPC do *Pinus sylvestris* difere marcadamente do do *Juniperus communis* (Figura 30). [2]No período 1901-2023, *o Juniperus communis* tem um CAG médio de 0,0 a 0,7 cm, enquanto *o Pinus sylvestris* tem um CAG de 1,3 a 2,8 cm no mesmo período.[2]

espectáculos.

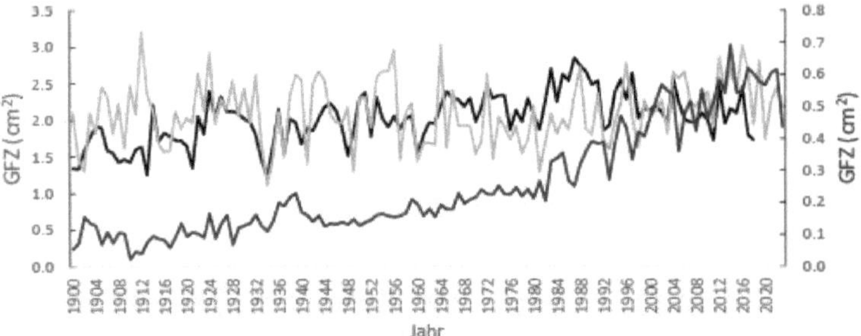

Figura 29: Comparação do GFZ de Pinus sylvestris e Juniperus communis para o período 1900-202.
(Linha preta: GFZ Pinus sylvestris, Drexler (2020); linha turquesa: GFZ Pinus sylvestris, este estudo; linha azul: GFZ Juniperus communis, este estudo)

Os dados de *Pinus sylvestris* deste estudo, designados como 241Pi_m, foram verificados quanto à sincronia na cronologia de crescimento com os de Drexler (2020), designados como K241_MKn78 (100 indivíduos) (ver Quadro 7). A sincronização calculada (GLK) mostra que a cronologia de crescimento do *Pinus sylvestris* neste estudo apresenta uma sincronização de 71% (P<0,001) na zona de sobreposição com a cronologia de Drexler (2020). O valor deTVBP de 6,1 indica um elevado grau de sincronização, enquanto um valor superior a 4,5 indica uma forte sobreposição.

A cronologia de crescimento de *Juniperus communis* não apresenta significado em comparação com a de *Pinus sylvestris* (este estudo) na área de sobreposição (n= 126) (Tabela 5). No entanto, o GLK indica que as cronologias não são muito semelhantes, com uma semelhança de 52 %. O valor TVBP é muito baixo (0,9), o que indica que as duas séries cronológicas não estão sincronizadas. Este facto também pode ser observado na Figura 29.

A cronologia de crescimento do estudo de Drexler (2020) não apresenta qualquer significado em comparação com a de *Juniperus communis* na área de sobreposição (n = 121) (Quadro 5). As duas cronologias têm um GLK de 54%, o que indica que não são muito semelhantes. O valor TVBP de 1,4 é baixo e mostra que as cronologias não estão muito sincronizadas.

Tabela 6: Caraterísticas estatísticas da sincronização entre a cronologia de Pinus sylvestris e a cronologia de Juniperus communis deste estudo e a cronologia de Pinus sylvestris de Drexler (2020) K241_MKn78 de Drexler (2020)   241Pi_m: Série cronológica deste estudo (n = 10)   K241_MKn78: Série cronológica Drexler (2020); n = 100)) Jucon80: Juniperus communis (n = 80); OVL = comprimento de sobreposição, GLK = sincronização, TVBP = valor t de Baillie e Pilcher, DateL = data de início, DateR = data de fim

Amostra	Ref.	OVL	GLK	TVBP	DataL	DataR
241Pi_m	K241_MKn78	141	71***	6.1	1878	2023
Jucon80	241Pi_m	126	52	0.9	1898	2023
Jucon80	K241_MKn78	121	54	1.4	1898	2023

4 Discussão

4.1 Crescimento radial e da superfície do solo

No âmbito desta tese de mestrado, o crescimento radial de *indivíduos arbóreos de Juniperus communis* nas proximidades da estação de investigação FAIR em Mieming foi investigado através de um estudo dendroocológico.

No decurso deste trabalho, verificou-se que não existe uma correlação significativa entre o diâmetro do caule e a altura do caule, a altura do caule e a profundidade do solo, o diâmetro do caule e a profundidade do solo, a idade e a altura do caule, e a idade e o diâmetro do caule. A grande variação nos parâmetros do caule (altura, diâmetro, JRB) indica diferenças pronunciadas em pequena escala no sombreamento pelo povoamento de pinheiros, bem como no fornecimento de nutrientes e/ou água. A grande variação nas profundidades do solo estudadas apoia esta hipótese. *O Juniperus communis* cresce normalmente até 5 metros de altura, mas pode também atingir 17 metros (Gilbert, 1980). As causas possíveis para estes tamanhos diferentes podem ser a sombra, o pastoreio e, nas montanhas do planalto, a exposição (Gilbert, 1980). Isto explica porque é que a altura e o diâmetro do tronco não estão correlacionados, tal como a altura do tronco e a idade da árvore. O crescimento radial dos indivíduos com diferentes desbastes de copa (= VK 1-3) também não foi estatisticamente significativo em relação à profundidade do solo estudado devido à dispersão acentuada do JRB.

A profundidade do solo foi medida a fim de ser utilizada como uma medida indireta da disponibilidade de nutrientes e de água. No entanto, é de notar que não se sabe até onde chega o sistema radicular de cada indivíduo e, por conseguinte, onde pode obter nutrientes. *A Juniperus communis* cresce frequentemente em solos com um baixo teor de azoto e tem um valor indicador de 3 (Hill et al., 1999). A planta está, portanto, muito bem adaptada a condições de baixo teor de nutrientes e é limitada mais pela disponibilidade de luz do que por nutrientes (Grubb et al., 1996).

A cronologia do CCI mostra um ligeiro aumento do CCI ao longo dos anos. Em 1920, tinha uma largura média de 146 pm e em 2022 de 354 pm. No entanto, é necessário ter em conta que existe uma tendência etária e que o número de indivíduos varia ao longo do período. Se os JRB forem dispostos em função da idade cambial, observa-se uma ligeira diminuição dos JRB com o aumento da idade das árvores. Aos 7 anos de idade, a largura média é de 372 pm, ao passo que aos 130 anos é de apenas 212 pm. Inicialmente, as árvores formam anéis de crescimento mais largos, que depois se tornam cada vez mais estreitos (Kindermann & Neumann, 2011).

A cronologia de um JRB foi também dividida em classes etárias < 50 anos e > 50 anos. À primeira vista, verifica-se que *os indivíduos* mais jovens de Juniperus crescem significativamente melhor do que os mais velhos. Com uma idade de 10-40 anos, os indivíduos >50 anos têm um JRB de 153 pm, enquanto os mais jovens têm um valor médio de 456 pm. No entanto, a partir de 1970, é também possível reconhecer um ligeiro aumento do JRB nos *indivíduos* mais velhos de Juniperus e um aumento mais forte a partir de 1980. Isto deve-se muito provavelmente ao facto de a área ter sido utilizada para o pastoreio de gado antes de 1970. O pastoreio foi então interrompido e o povoamento pôde recuperar e expandir-se, como se pode ver na Figura 16. No *povoamento de Juniperus* communis, a utilização de gado resultou em pastoreio e pisoteio constantes, o que provocou a morte de muitos exemplares. Sem esta perturbação, *o Juniperus communis* pôde desenvolver-se livremente nos anos seguintes. Os *Juniperus communis* que cresceram a partir desta altura puderam desenvolver-se muito melhor. O gado bovino e ovino rói a casca do *Juniperus communis*, influenciando assim significativamente a sua forma e tamanho. Em casos extremos, os animais podem abrir, fragmentar ou destruir completamente um povoamento denso *de Juniperus communis* (Huntley & Birks, 1979a; Gilbert, 1980; Borders Forest Trust, 1997). *O Juniperus communis* tem um elevado teor de monoterpenóides, que podem causar problemas digestivos e renais, abortos espontâneos e mesmo a morte de caprinos e bovinos (Gardner et al., 1998; Philip, 2003). No entanto, muitos mamíferos de grande porte, incluindo veados, alces e cavalos, estão registados como consumidores desta planta, geralmente quando outros alimentos são escassos ou de má qualidade (Thomas & Polwart, 2003).

O GFZ foi então apresentado graficamente. Este mostra claramente que o GFZ aumenta acentuadamente a partir de 1982 e atinge um patamar em 2014. Como a profundidade do solo é uma medida indireta da disponibilidade de nutrientes, verifica-se que a disponibilidade de nutrientes não está relacionada com o GFZ. No entanto, é preciso notar aqui que não se sabe até onde se estende o enraizamento dos indivíduos.

Tal como no caso do JRB, o GFZ também regista um aumento claro, especialmente quando se comparam os indivíduos *de Juniperus* mais jovens e mais velhos. Este aumento súbito do GFZ pode ser explicado pela cessação do pastoreio e da utilização. O planalto é atingido quando as plantas começam a competir por luz, nutrientes e água. As figuras 19 e 21 mostram que a densidade do povoamento de pinheiros aumentou significativamente entre 1970/74 e 2023. Este facto pode ser atribuído a alterações no uso da terra (redução ou abandono do pastoreio e/ou possivelmente também da utilização de madeira) durante este período. O sistema radicular acima e abaixo do solo do *Juniperus communis* foi severamente afetado por danos causados pelo pastoreio e pelo pisoteio. Como resultado da mudança na utilização do solo, os povoamentos recuperaram e o GFZ aumentou acentuadamente a partir de 1983.

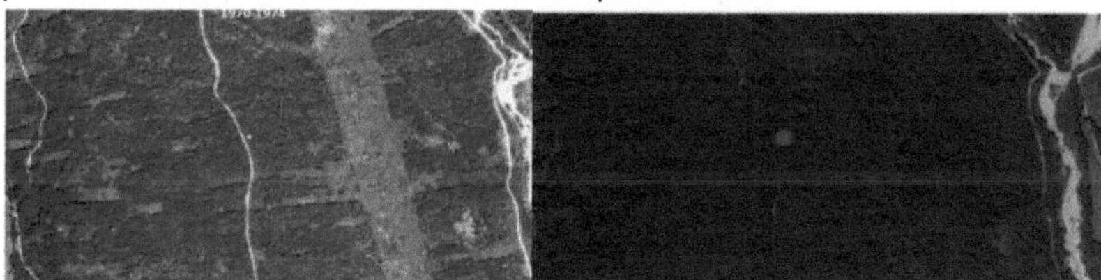

Figura 30: Fotografias aéreas da zona de estudo
fotografia aérea a preto e branco de 1970-1974 (TIRIS, Província do Tirol,
https://www.tirol.gv.at/sicherheit/geoinformation/geodaten- tiris/orthofotos/)
Fotografia aérea a cores de 2023 (https://earth.google.com)
ponto vermelho: estação florestal FAIR em Mieming

Pode observar-se um padrão semelhante na subdivisão dos três CV: Nos últimos anos, o CC 1 tem tido um JRB mais largo do que os CC 2 e 3, tendo o CC 3 os anéis mais estreitos. Este facto torna-se ainda mais claro quando se analisa o crescimento da área total (TAG). A partir de 2008, o CC 1 regista um aumento constante do RIC, enquanto o CC 2 se mantém a um nível constante e o CC 3 apresenta um declínio, o que era de esperar

A segunda hipótese, de que o CFC diminui no decurso das alterações climáticas, aplica-se aos indivíduos com uma vitalidade já reduzida (ou seja, desbaste pronunciado da copa VC3). A partir do verão quente de 2003, registou-se uma tendência negativa do GFZ nestes indivíduos e o GFZ desviou-se significativamente (P<0,05) do GFZ dos indivíduos com elevada vitalidade (VK1) nos anos seguintes.

4.2 Relação clima-crescimento

A precipitação de abril-junho manteve-se praticamente constante no período 1951-2023, enquanto a temperatura de abril-junho aumentou cerca de 2 °C neste período (Figura 8). Os gráficos de correlação e o gráfico de estabilidade mostram que a precipitação do ano em curso não tem influência significativa no crescimento radial do caule. No entanto, a precipitação do ano anterior tornou-se significativa nos últimos seis anos. As temperaturas da primavera e do verão do ano em curso também não têm influência significativa no crescimento radial do caule. Assim, a primeira hipótese só pôde ser parcialmente confirmada. O crescimento radial não é limitado pela temperatura e pela precipitação em conjunto, mas principalmente pela precipitação (abril a junho) do ano anterior.

O género *Juniperus* tem uma elevada segurança hidráulica (Unterholzner et al. 2020; Beikircher e Mayr 2008; Mayr et al. 2006; Willson e Jackson 2006). *A Juniperus communis* é conhecida por ter uma taxa de crescimento lenta, uma elevada longevidade e uma elevada capacidade de lidar bem com baixas temperaturas, stress hídrico, ventos fortes e escassez de alimentos (Unterholzner et al. 2020; Adams 2014; Thomas et al. 2007). *A Juniperus communis* tem uma vasta gama de distribuição, crescendo desde o nível do mar nas zonas costeiras até à faixa de Krummholz acima da linha das árvores, o que sugere que se pode adaptar facilmente a uma vasta gama de condições.

A influência significativa da precipitação nas últimas décadas no crescimento radial da planta indica que a água está a tornar-se um forte fator limitante devido às alterações climáticas.

4.3 Quebras extremas de crescimento e índices de stress

Ao identificar os anos extremos, foi evidente que as quebras de crescimento mais extremas foram registadas em 1993, 1997, 2005 e 2023. Esta análise foi também efectuada para os três RU e mostrou que o Vit 1 tem apenas 3 anos de crescimento extremo: 1987, 2005 e 2023, o Vit 2 tem 7 anos de crescimento extremo: 1986, 1993, 1997, 2005, 2015, 2016 e 2023 e o Vit 3 tem 8 anos de crescimento extremo: 1993, 1997, 2005, 2010, 2015, 2016, 2019 e 2023.

O problema, porém, é que só estavam disponíveis valores mensais de precipitação. Isto significa que uma precipitação intensa num espaço de poucos dias pode representar a quantidade total de precipitação de um mês. No local, o solo é pouco profundo e assenta sobre a rocha, o que faz com que a água escorra e se infiltre rapidamente. Isto leva a uma baixa capacidade de armazenamento de água, pelo que a disponibilidade real de água durante a estação de crescimento se desvia das quantidades mensais de precipitação. A água disponível no solo é decisiva para o crescimento das plantas e não a quantidade de precipitação (Oberhuber et al. 1998). Por conseguinte, não é claro qual a quantidade de água que estava efetivamente disponível para as plantas.

No entanto, é possível uma boa interpretação, uma vez que tanto as quantidades mensais de precipitação como os totais de temperatura estão disponíveis e os anos de crescimento extremo foram determinados utilizando o GFZ.

A temperatura mais elevada, ou durante um período de seca ou de estiagem, não afecta diretamente o crescimento, mas afecta a evaporação. A água é libertada do ecossistema para o ar circundante, o que é conhecido como evapotranspiração. Isto significa que uma parte da água se perde e deixa de estar disponível para as plantas. Quanto mais seco for o ar, mais água é libertada para o ar, especialmente durante os períodos de seca, uma vez que o ar é seco e quente (Beer et al. 2009; Dai et al. 2018).

Prevê-se que a evapotranspiração aumente ainda mais no futuro devido às alterações climáticas (Beer et al. 2009; Dai et al. 2018). Os períodos de seca são registados principalmente na primavera e no verão, ou seja, durante a fase de crescimento acima do solo de *Juniperus communis* e *Pinus sylvestris.* Alguns estudos mostram que um melhoramento

eficiência de utilização da água poderia ocorrer em plantas com níveis de CO2 aumentados, uma vez que poderiam reduzir a demanda evaporativa, reduzindo a largura da abertura estomática e, assim, conter a dessecação (Cheng et al. 2017).

Os índices de stress (resistência, recuperação e resiliência) para cada RU foram determinados para os anos de 1986, 1993 e 2005.

Os baixos valores de resistência da *Juniperus communis* nos anos selecionados devem-se provavelmente à limitação direta da atividade do câmbio em resultado da disponibilidade limitada de água (Korner, 2015). A fotossíntese também pode ser reduzida, reduzindo assim o crescimento (Herrero e Zamora, 2014; Fang e Zhang, 2020).

No entanto, *a Juniperus communis* mostra uma rápida recuperação do crescimento radial após um período de seca, desde que os recursos hídricos estejam novamente disponíveis. O crescimento pode então ser retomado. Este facto mostra que *a Juniperus communis* tem uma utilização flexível dos recursos hídricos e uma restauração eficaz do equilíbrio hídrico (Wang et al., 2019; Fang e Zhang, 2020; Shao et al., 2020; Piraino et al., 2024).

Uma resiliência baixa indica que as plantas são capazes de recuperar rapidamente após fenómenos de seca, mas não totalmente. A resiliência não é apenas uma medida de sobrevivência após uma perturbação, mas também de recuperação do padrão de crescimento original. Assim, *o Juniperus communis* precisa provavelmente de um pouco mais de tempo para regressar ao seu nível de crescimento original (Wang et al., 2019; Piraino et al., 2024). Assim, *a Juniperus communis* tolera muito bem as secas, embora as secas mais fortes também a possam afetar (Thomas et al., 2007). Quando as plantas são expostas a níveis de CO2 de 360 a 700 ppm, isso tem um impacto na eficiência do uso da água (Togneffi et al., 2002). As plantas apresentam uma menor condutância estomática das folhas, o que significa que perdem menos água por transpiração. No entanto, este facto também reduz a fotossíntese, o arrefecimento das folhas e a absorção de nutrientes. No entanto, a pressão do tugor pode ser mantida osmoticamente, mesmo durante a seca. Com um elevado teor de CO2 na atmosfera, a planta pode realizar mais fotossíntese, o que leva a uma maior síntese de hidratos de carbono e a uma acumulação de substâncias dissolvidas osmoticamente activas nas folhas.

folhas. Isto, por sua vez, leva a uma redução do potencial hídrico das folhas (Togneffi et al., 2002). Como resultado, *o Juniperus communis* foi capaz de desenvolver uma maior tolerância à seca quando os níveis de CO2 aumentaram (Thomas et al., 2007). Devido ao aumento do potencial hídrico das folhas, também pode absorver melhor a água do solo (Thomas et al. 2007). *O Juniperus communis* é muito tolerante à seca, uma vez que apresenta apenas uma baixa proporção de embolias do xilema, mesmo em condições de seca (Togneffi et al., 2001).

4.4 Comparação da cronologia de crescimento de *Juniperus communis* e *Pinus sylvestris*

As variações anuais do crescimento radial entre as espécies lenhosas dominantes no estrato arbóreo e arbustivo, isto é, *o Pinus sylvestris* e o *Juniperus communis,* não apresentam uma correlação significativa (p>0,05). Pode, portanto, concluir-se que diferentes factores climáticos limitam o crescimento radial destas espécies. [2]*O Pinus sylvestris* apresenta também um GFZ quase constante de 2,26 ± 0,38 cm desde o início do século XX. Em contrapartida, o *Juniperus communis* apresenta no início do século XX. [22]Os valores de GFZ são de apenas 0,1 cm, atingindo um máximo de 0,7 cm na última década. Estas diferenças acentuadas no crescimento radial indicam a força competitiva do *Pinus sylvestris*.

As correlações clima-crescimento de *Juniperus communis* indicam uma baixa sensibilidade do crescimento radial a factores climáticos, mas a limitação maciça do crescimento devido ao uso da terra (presumivelmente pastoreio até 1970) não permite uma afirmação definitiva sobre a sensibilidade ao stress da seca. Além disso, as correlações deslizantes entre o clima e o crescimento mostram uma limitação crescente do crescimento radial de *Juniperus communis* à precipitação na primavera.

Com base nestes inquéritos, a hipótese 3 - *Juniperus communis* tem maior resistência à seca do que *Pinus sylvestris* - não pode ser confirmada.

5 Conclusões

Em conclusão, pode afirmar-se que a redução da intensidade de utilização após cerca de 1970 favoreceu não só o desenvolvimento dos povoamentos, mas também o crescimento radial e dos rebentos dos indivíduos arbóreos *de Juniperus communis* devido à diminuição dos danos causados pelo pisoteio e pelo pastoreio. Nas últimas décadas (ou seja, nos períodos de 30 anos entre 1988 e 2017), contudo, o crescimento radial foi significativamente limitado pela intensidade da precipitação em abril a junho do ano anterior. Para além disso, o aquecimento climático combinado com a disponibilidade limitada de nutrientes e água levou a um aumento da competição radicular com o *Pinus sylvestris*, pelo que *os indivíduos* de *Juniperus* communis com baixa vitalidade apresentam uma diminuição constante na ZFG após 2005.

Com base na comparação do GFZ (tendências a longo prazo e valores absolutos) entre *Pinus sylvestris* e as classes de vitalidade individuais de *Juniperus communis*, bem como nas correlações clima-crescimento deslizantes para *Juniperus communis*, pode assumir-se que *Pinus sylvestris* tem uma maior resistência à seca do que *Juniperus communis* na área de estudo. No entanto, para esclarecer isto em pormenor, são necessários estudos ecofisiológicos (por exemplo, potencial hídrico foliar, fotossíntese, transpiração, crescimento intra-anual) durante e após períodos de seca pronunciados para estas espécies.

6 Bibliografia

Adams, R. P. (2014). *Junipers of the world: the genus Juniperus.* Trafford Publishing, Bloomington, IN, EUA.

Anchukaitis, K.J. (2017): Os anéis das árvores revelam o passado, o presente e o futuro das alterações climáticas. *Actas da Sociedade Filosófica Americana* 161(3): 244-263.

Auer I., Bohm R., Jurkovic A., Lipa W., Orlik A., Potzmann R., Schoner W., Ungersbock M., Matulla C., Briffa K., Jones P.D., Efthymiadis D., Brunetti M., Nanni T., Maugeri M., Mercalli L., Mestre O., Moisselin J.M., Begert M., Muller-Westermeier G., Kveton V., Bochnicek O., Stastny P., Lapin M., Szalai S., Szentimrey T., Cegnar T., Dolinar M., Gajic-Capka M., Zaninovic K., Majstorovic Z., Nieplova E. (2007): HISTALP - séries temporais históricas de superfície climatológica instrumental da região dos Grandes Alpes 1760-2003. *International Journal of Climatology* 27, 17-46, doi:10.1002/joc,1377.

Baumgarten, B. (2014): O PRIMEIRO MAPA GEOLÓGICO DO TIROL DE CARLOS DE GIMBERNAT (1808) CARLOS DE GIMBERNAT E O PRIMEIRO MAPA GEOLÓGICO DO TIROL (1808). Geo.Alp.

Bartels, H. (1993): *Geholzkunde. Introdução à dendrologia.* Ulmer, Stuttgart 1993, ISBN 38252-1720-5.

Beer, C., Ciais, P., Reichstein, M., Baldocchi, D., Law, B. E., Papale, D., Soussana J. F., Ammann C., Buchmann N., Frank D., Gianelle D., Janssens I.A., Knohl A., Kostner B., Moors E., Roupsard O., Verbeeck H., Vesala T., Wiliams C.A. & Wohlfahrt, G. (2009). Variabilidade temporal e entre locais da eficiência inerente ao uso da água ao nível do ecossistema. *Global biogeochemical cycles,23*(2). doi: 10.1029/2008GB003233.

Beikircher B, Mayr S (2008) The hydraulic architecture *of Juniperus communis* L. ssp. communis: shrubs and trees compared. *Plant Cell Environ* 31:1545-1556.

Biondi F. (1997): Funções de resposta evolutiva e móvel em dendroclimatologia. Dendrocronologia 15:139-150.

Biondi F. e Waikul K. (2004): DENDROCLIM 2002: um programa C++ para calibração estatística de sinais climáticos em cronologias de anéis de árvores. Comput Geosci 30: 303-311.

Biasing TJ, Solomon AM, Duvick DN (1984) Response Functions Revisited. Anel de árvore Boletim, 44, 1-15.

Bohlmann D. (2013): *Biologia da madeira. Por que Bäume não crescem para o céu.* 2ª edição. Quelle & Meyer, Wiebelsheim 2013, ISBN 978-3-494-01547-7.

Borders Forest Trust (1997) Common juniper (*Juniperus communis* L.): a review of its biology and status in the Scoffish Borders. *Borders* Forest Trust Occasional Paper No. 1, Ancrum, Roxburghshire.

Bohm R. (ed.) (2006): *ALP-IMP. Multi-centennial climate variability in the Alps based on instrumental data, model simulations and proxy data.* Viena: Instituto Central de Meteorologia e Geodinâmica, relatório de projeto, 102 páginas.

Bohm R. (2010): *Heifie Luft - nach Kopenhagen. Alterações climáticas. Factos - Negócios temerários.* 2.ª edição. Viena, Klosterneuburg: Edition Va Bene, 280 páginas, ISBN 978-3851672435.

Buntgen U., Esper J., Frank D.C., Nicolussi K., Schmidhalter M. (2005): A 1052-year tree-ring proxy for Alpine summer temperatures. Climate Dynamics 25, 141-153, doi:10.1007/s00382-005-0028-1.

Buntgen U., Frank D.C., Nievergelt D., Esper J. (2006): Summer temperature variations in the

European Alps, AD 755-2004, Journal of Climate 19, 5606-5623, doi:10.1175/JCLI3917.1.

Cheng, L., Zhang, L., Wang, YP. *et al.* Aumentos recentes na absorção de carbono terrestre com pouco custo para o ciclo da água. *Nat Commun* 8, 110 (2017). doi:10.1038/s41467-017-00114-5.

Cook, E. R., Seager, R., Kushnir, Y., Briffa, K. R., Buntgen, U., Frank, D.,... & Zang, C. (2015): Megadroughts e pluviais do Velho Mundo durante a Era Comum. *Science advances*,1(10), el500561, doi:10.1126/sciadv,1500561.

Dai, A., Zhao, T., & Chen, J. (2018). Mudanças climáticas e seca: uma perspetiva de precipitação e evaporação. *Relatórios actuais sobre alterações climáticas, 4,* 301-312.

Drexler L. (2020): Resiliência de um povoamento de pinheiros no Planalto Mieminger (Tirol) ao stress da seca. Tese de mestrado, Universidade Leopold Franz de Innsbruck, 76 páginas.

Ellenberg H, Leuschner C (2010) Vegetação da Europa Central com os Alpes. Em perspetiva ecológica, dinâmica e histórica. UTB, Stuttgart, 1095 pp.

Fang, O., Qiu, H., & Zhang, Q. B. (2020). Resiliência à seca específica da espécie em florestas de zimbro e abeto no Himalaia central. *Indicadores Ecológicos, 117,*106615.

Fluxnet Áustria. (2024). Universidade de Innsbruck. Obtido em [Ligação ao sítio Web da Universidade de Innsbruck].https://www.uibk.ac.at/fakultaeten/biologie/alpine-forschungsstaetten/obermieming.html.de.

Fritts, H.C. (1976). Tree Rings and Climate Academic Press. Nova Iorque.

Fritsch, M. (2012). Estudos vegetativo-ocológicos sobre a gestão e a restituição de prados húmidos. Dissertação, TU Darmstadt, D.

Gardner, D.R.,Panter, K.E.,James, L.F.& Stegelmeier, B.L.(1998) Abortifacient effects of lodgepole pine *(Pinus contorta)* and common juniper *(Juniperus communis)* on cattle. *Veterinary and Human Toxicology,* 40, 260-263.

Gilbert, O.L. (1980) Juniper in Upper Teesdale. *Jornal de Ecologia,* 68, 1013-1024.

Grubb, P.J.,Lee, W.G.,Kollmann, J.& Wilson, J.B. (1996) Interação da irradiância e do fornecimento de nutrientes ao solo no crescimento de plântulas de dez espécies europeias de arbustos de cauda e de *Fagus sylvatica.JournalofEcology,* 84, 827-840.

Gruber A, Strobl S, Veit B, Oberhuber W (2010) Impacto da seca na dinâmica temporal da formação de madeira em *Pinus sylvestris.* Fisiologia das Árvores, 1-12.

Herrero, A., & Zamora, R. (2014). Respostas das plantas a eventos climáticos extremos: um teste de campo da capacidade de resiliência na borda sul da faixa. *Pios one, 9*(1), e87842.

Hill, M.O., Mountford, J.O., Roy, D.B. & Bunce, R.G.H. (1999) *Valores Indicadores de Ellenberg para Plantas britânicas.* ECOFACT, Vol. 2, Anexo Técnico. Instituto de Ecologia Terrestre, Huntingdon, Reino Unido.

Holmes, R.L. (1983). Controlo de qualidade assistido por computador na datação e medição de anéis de árvores. Tree-Ring Bulletin, 43, 69-78.

Huntley, B. & Birks, H.J.B. (1979a) The past and present vegetation of the Morrone Birkwoods National Nature Reserve, Scotland: I. A primary phytosociological survey.*Journal of Ecology,* 67, 417-446.

IPCC (2021): Resumo para os decisores políticos. In: Climate Change 2021: The Physical Science Basis. Contribuição do Grupo de Trabalho I para o Sexto Relatório de Avaliação do Painel Intergovernamental sobre Mudanças Climáticas [MassonDelmotte, V., P. Zhai, A. Pirani, S.L. Connors, C. Pëan, S. Berger, N. Caud, Y. Chen, L. Goldfarb, M.I. Gomis, M. Huang, K. Leitzell, E.

Lonnoy, J.B.R. Matthews, T.K. Maycock, T. Waterfield, O. Yelekgi, R. Yu, e B. Zhou (eds.)]. Cambridge University Press, Cambridge, Reino Unido e Nova Iorque, NY, EUA, pp. 3-32, doi:10.1017/9781009157896.001.

Jagel, A. (2012). Secretamente e muitas vezes despercebidas: as coníferas estão a sangrar. *Jahrb. Bochumer Bot.*

Ver, 3, 227-232.

Karanitsch-Ackerl, S., Mayer, K., Gauster, T., Laaha, G., Holawe, F., Wimmer, R., & Grabner, M. (2019): Uma reconstrução de 400 anos da precipitação primavera-verão e do baixo fluxo de verão a partir de cronologias regionais de anéis de árvores no nordeste da Áustria.*Journal of Hydrology,*577, 123986, doi:10.1016/j.jhydrol.2019.123986.

Kindermann, G., & Neumann, M.(2011) Mudanças no incremento radial ao longo do tempo com base em análises de núcleos. *Conferência Anual da Secção de Ciência do Rendimento 2011 Cottbus,* 120.

Korner, C. (2015) Mudança de paradigma no controlo do crescimento das plantas. *Opinião atual em Biologia Vegetal* 25, 107-114.

Mandi, G. W. (1996). On the geology of the Odenhof Window (Northern Limestone Alps, Austria). *Yearbook of the Geological Survey of Austria, 139*(4), 473-495.

Mayr S, Hacke U, Schmid P, Schwienbacher F, Gruber A (2006) Frost drought in conifers at the alpine timberline: xylem dysfunction and adaptations. *Ecologia* 87:3175-3185.

Muller-Using, S. (2005). O pinheiro silvestre: *Pinus sylvestris*. Estugarda: Ulmer Verlag.

Pichler P, Oberhuber W (2007) Radial growth response of coniferous forest trees in an inner Alpine environment to heat-wave in 2003, Forest Ecology and Management, 242, 688-699.

Piraino, S., Hadad, M. A., Ribas-Fernandez, Y. A., & Roig, F. A. (2024). Resiliência dependente do sexo a eventos extremos de seca: implicações para a adaptação às mudanças climáticas de uma espécie de árvore ameaçada de extinção na América do Sul. *EcologicalProcesses, 13*(1), 24.

Unterholzner, L., Carrer, M., Bar, A., Beikircher, B., Damon, B., Losso, A., ... & Mayr, S. (2020). As populações de *Juniperus communis* exibem baixa variabilidade na segurança e eficiência hidráulica. *Tree Physiology, 40*(12), 1668-1679, doi: 10.1093/treephys/tpaal03.

Roloff, A., Bartels, A. (2006): *Flora der Geholze: Bestimmung, Eigenschaften und Verwendung.* Eugen Ulmer, Stuttgart 2006, ISBN 3-8001-4832-3.

Roloff, A. Weisgerber, H., Ulla M. Lang, Bernd Stimm (eds.) (2007): *Encyclopaedia of Wood Waxes. Manual e atlas de dendrologia.* Wiley-VCH, Weinheim 2007, ISBN 978-3527-32141-4.

Schmidt, O. (ed.) et al.(2003): *Contribuições para Juniperus communis.* Publicado pelo Instituto Estatal de Silvicultura e Economia Florestal da Baviera (LWF). LWF, 41, Freising 2003.

Schutt, P., Schuck, H. J., & Stimm, B. (2007). Encyclopaedia of forest botany. Morfologia, patologia, ecologia e sistemática de espécies arbóreas importantes. ecomed, Landsberg, nova edição.

Schutt, P. e Schlimm, B. (2006): *Pinus sylvestris L.* Enzyklopadie der Holzgewachse (pp. 32pp), Edição 45 Erg. Lfg., ecomed-Verlag, Landsberg/Lech-Munchen.

Schweingruber FH (1996) Tree rings and environment. Dendroecologia. Paul Haupt Verlag, Berna; 609 páginas.

Schweingruber, FH. (1983): O anel de árvore. Localização, metodologia, tempo e clima na dendrocronologia. P. Haupt Verlag, Berna, Estugarda.

Sheppard, P. R. (2010): Dendroclimatologia: extraindo o clima das árvores. *Wiley Interdisciplinary Reviews: Climate Change,* 1(3), 343-352, doi:10.1002/wcc.42.

Thomas P. A., El-Barghati M., Polwart A. (2007), Biological Flora of the British Isles: *Juniperus communis* L.. Journal of Ecology, 95: 1404-1440. doi: 10.1111/j.l365-2745.2007.01308.x.

Togneffi, R., Longobucco, A., Raschi, A.&Jones, M.B. (2001) Propriedades hidráulicas do caule e vulnerabilidade do xilema à embolia em três arbustos mediterrânicos que coocorrem numa nascente natural de CO2. *AustralianJournalofPlantPhysiology,* 28, 257-268.

Togneffi, R., Raschi, A. &Jones, M.B. (2002) Seasonal changes in tissue elasticity and water transport efficiency in three co-occurring Mediterranean shrubs under natural long-term CO2 enrichment. *Functional Plant Biology,* 29, 1097-1106.

Wang, X., Yang, B., & Ljungqvist, F. C. (2019). A vulnerabilidade do zimbro Qilian a eventos extremos de seca. *Fronteiras na ciência das plantas, 10,* 458686.

Weber, P., Bugmann, H., & Rigling, A. (2007). Respostas do crescimento radial à seca de *Pinus sylvestris* e Quercus pubescens num vale seco dos Alpes interiores. *Journal of Vegetation Science, 18*(6), 777-792.

Wigley TML, Briffa KR, Jones PD (1984) On the Average Value of Correlated Time Series, with Applications in Dendroclimatology and Hydrometeorology. Journal of climate and Applied Meteorology, 23, 201-213.

Willson, C. J., & Jackson, R. B. (2006). Cavitação do xilema causada por seca e stress de congelação em quatro espécies de Juniperus que coocorrem. *Physiologia Plantarum, 127*(3), 374-382.

Wilson, R., Anchukaitis, K., Briffa, K. R., Buntgen, U., Cook, E., D'arrigo, R.,... & Zorita, E. (2016): Temperaturas de verão do hemisfério norte do último milénio a partir de anéis de árvores: Parte I: O contexto de longo prazo. *Quaternary Science Reviews,* 134,1-18, doi:10.1016/j.quascirev.2015.12.005.

Wimmer, R., & Kriebitzsch, W. U. (2002). O pinheiro silvestre (*Pinus sylvestris L.*) na Alemanha: origem e utilização. Allgemeine Forst- und Jagdzeitung, 173(1), 11-20.

7 Apêndice

Quadro AI: Caraterísticas do local e da árvore dos indivíduos de Juniperus communis amostrados (classes de vitalidade: H = alta (VK1), M = média (VK2), N = baixa (VK3))

Continuação Não.	Coordlnados	DurctimcSSer			Hëñe (cm)	Profundidade do pavimento (cm)	Feminino
		Umtang [cm]	(cm)	Classe de vitalidade			
1	47=13'D.831 N 10=59 '14.295 E	21	6.7	H	220		7.5
1	47=13'0.854 N 10=59'14.298 E	25.5	9.1	H	310		12
2	47=13'0 .341 N 10=59 '14.355 E	20	6.4	H	330		4.5
4	47=13'1,515 N 10=59 '14.454 E	20	6.4	H	410		15
5	47=13'1,539 N 10=59 '14.374 E	19	5.1	H	210		13
6	47=13' 1,823 N 10=59 '14,115 E	173	5.5	H	310		10.5
7	47=13'1,475 N 10=59 '12,321E	15.5	43	H	320		10.5
8	47=13'2.013 bl 10=59'13.397 E	20	6.4	H	4C5		15
9	47=13'2.070 N 10=59 '13.393 E	31	9.8	H	3CD		15
1C	47=19'30.661 N 10=56'36.543 E	21.5	6.8	H	290		6
11	47=16'36.752 N 10=59'23.957 E	15	4.8	H	2CD		6
12	47=19'36.752 N 10=59'23.957 E	13	4.1	H	260		8
12	47=16'533 DON 10=59'12.434 E	20.5	6.5	M	40 0		14
14	47=13'2.301 U 10=59 9.769 E	21	6.7	H	330		14
15	47=13'1.101 N 10=59 '13.425 E	17.5	5.6	M	350		7.5
IE	47=13'2.86D bJ 10=59'12.045 E	33	10.5	H	43D		19
17	47=13'3.01014 10=59'11.333 E	12	3.8	H	20 D		B
IE	47=19'53.903 N 10=59'12.930 E	ia.5	53	H	280		9
IE	47=13'1,729 N 10=59 '10,956 E	12	3.8	M	26D		9
20	47=13'0.946 N 10=59'11.433 E 47=19'5922 53 Г4 10=59'10.274	24	7.6	M	300		7.5
21	E	10	3.2	H	20 0		16
22	47=13'0.496 N 10=59 '12.012 E	19	5.7	H	205		13
22	47=19' 593 D6N 10=59'10.332 E	16.5	5.3	H	30 D		14
24	47=13'D.231 bJ 10=53'12.943 E	24.5	7.8	H	350		13
2;	47=13' D .469 N 10=59 '11.994 E	19	5.7	H	20 D		14 W
2E	47=13'59319 N 10=59'12.435 E	13	4.1	H	230		8.5
2/	47=19'53.994 N 10=59'12.421 E	15	4.8	N	20 D		10 w
2£	47=16'53315 N 10=59'12.477 E	14	4.5	H	20 0		7
2E	47=13'0.231 N 10=59'12.943 E	15	4.8	H	205		5
30	47-18'0.661 H 10-58'12.975 E	21	6.7	N	225		6
31	47"1S'D.632H 10-58'13.181 E	15	4.8	H	300		7
32	47°1S' 0.477 H 10-58'13.678 E	23	7.3	H	305		9
33	E 47°1B'58815N ИГ5В'12.477 47°18'588B5 N 10=58'11.376	22.5	7.2	M	230		7
34	E	16	5.1	M	260		12.5
35	47°18'58.D72 N 10=58'12.054 E	16.5	5.3	M	320		Э.5
36	47°1B'58.D37 N 10=58'13.452 E	24.5	7.8	H	350		9
37	47-18'58.341 N 10=58'13.227 E	15	4.8	M	240		10
38	47°18'58887N 10=58'13.954 E	16.5	5.3	M	3CD		17
39	47-18'58.318 N 10=58'13.754 E	19.5	6.2	M	500		11.5
	47-18'58.747 N 10=58'14.472						

No.	Coordinates					
40	E 47-18'58.234 N 10=58'14.907	15	**4.8**	N	480	10
41	E 47-18'58.733 N 10=58'15.109	21	6.7	H	23D	10
42	E 47-18'58.670 N 10=58' 15.223	22	7.0	H	320	Э.5
43	E 47-18'58.648 N 10=58'14.991	33	10.5	M	320	11 W
44	E	12.5	**4.0**	N	25D	10.5 W
45	47-18'0.238 H 10-58'14.507 E	11	3.5	M	200	7.5 W
46	47-18'1.132 H 10-58'15.010 E	11	3.5	H	21D	7
47	47-18'0.733 H 10=53'15.215 E	12	3.8	M	260	11
48	47-18'1.621 H 10-58'12.316 E	21	6.7	M	450	7.2
49	47-18'1.230 H 10-58'12.781 E	15.5	**4.Э**	M	215	5
50	47°1S'1.6K H 10'58'11.336 E	15	**4.8**	M	210	7 W
51	47-18'2.416 H 10-5B'12.162 E	30	8.6	H	320	3
52	47'18'2.371 H 10'58'0.831 E	13	**4.1**	M	300	9
53	47-18'2.148 H 10-58'11.577 E	16	**5.1**	M	25D	3
54	E 47-18'57.258 N 10=58'13.731	17	5.4	M	320	7
55	E 47-18'57.358 N 10=58'13.883	15.5	**4.Э**	M	350	4
56	E 47-18'57.185 N 10=58'14.105	20	6.4	M	330	9
57	E 47-18'57.832 N 10=5B'U.103	14	**4.5**	N	36D	9
58	E 47-18'56.882 N 10=58'14.023	15.5	**4.Э**	M	235	10 W
59	E 47-18'57.746N 10=58'15.101	11	3.5	N	275	3
60	47-18'32.855 N 10=58'6.386 E	14	**4.5**	H	210	6.3
61	47-18'55.743 N 10=58'8.357 E	13	**4.1**	M	2CD	6.2
62	47"1B' 55.765 N 10-58'8.329 E	18	5.7 H		400	9.2
63	47°1B'55J16 N 10-58'9.920 E	23	7.3 H		420	8.9
64	47°1B'56830 N 10 '5B'9.222 E	13	**4.1 M**		210	3
65	47°18'56853 N 10-58'9.299 E	28	8.9 H		520	4.2 W
66	47°1B'57.OD3 N 10-58'9.462 E	19	6.1 M		420	6.2
67	47*18'56866 N 10-58'9.451 E	15	**4.8 N**		310	5.3
63	47°1E'55893 N 10-58'9.955 E	11	3.5 N		235	6.7
69	E 47-IB'57.619 N 10-58'11.009	13	4.1 H		380	9.5
70	E 47-18' 58.455 N 10-58'11.601	7	2.2 N		200	9.6
71	E 47-IB'58.127 N 10-58' 10.346	10	3.2 N		230	16
72	47-IB' 57.662 N 10-58'9.715 E	IB	5.7 N		200	9.5 W
73	¹'47-IB 57.347 N 10 '5B7.4D0 E	19	6.1 H		430	11
74	47°1B'56^55 N 10-58'6.228 E	11	3.5 N		200	9
75	47-18' 57.352 N 10-58'6.621 E	12	3.8 M		200	9
76	47-18'55.558 N 10-58'6.561 E	17	5.4 N		450	9.5
77	47-18' 55.767 N 10-58'5.448 E	13	**4.1 N**		330	5
73	47-18'55865 N 10-58'5.635 E	15	4.8 N		400	5.2
79	47-18'55 J73N 10-58'5.656 E	11	3.5 N		430	5
80	47-18' 56.622 N 10-58'5.079 E	12	3.8 H		510	6.5

81	47-18'56.151 N 10-58'5.606 E	17	5.4 N	310	7
82	47-18'57.011 N 10-58'5.223 E	15	4.8 N	320	5.6
83	47-18' 57.005 N 10-58'5.223 E	11	3.5 N	230	5.2
84	47-18'57,000 N 10-58'5,228 E	16	5.1 N	350	6
85	47-18'56.654 N 10-58'4.914 E	10	3.2 N	250	5.4
86	47°1E'56.1B4 N 10-58'5.668 E	26	8.3 H	450	7.3
87	47-18'56841 N 10-58'6.226 E	20	6.4 N	230	6.7
88	47-18'56.643 N 10-58'6.122 E	14	4.5 N	250	6.9
89	47-18'56.551 N 1O°5B'6.211 E	12	3.8 N	210	6.5
90	47-IB' 56.5S 1 N 10-58'6.618 E	11	3.5 M	520	5
91	47-IB'56820 N 10-58'6.039 E	12	3.8 N	230	5.4
92	47-IB'57.625 N 10-58'6.043 E	17	5.4 M	430	7.3
93	47-IB' 57.538 N 10-58'5.326 E	10	3.2 M	530	9.1
94	47-IB' 57.5B8N 10-58'5.723 E	16	5.1 N	510	6.2
95	47-18' 58845 N 10-58'6.137 E	14	4.5 N	470	6.1
96	47-IB' 57.728 N 10-58'6.389 E	11	3.5 N	430	7.3
97	47-IB' 57.730 N 10-58'6.396 E	9	2.9 N	410	5.7
98	47°1B'57816 N 10-58'6.620 E	17	5.4 M	490	6.1
99	47-18' 57.138 N 10-58'7.224 E	10	3.2 N	250	11.2
100	47-18' 57864 N 10-58'6.661 E	9	2.9 N	250	7.3
101	47-IB' 58,071 N 10-587,767 E	9	2.9 M	240	6.7
102	47°1B' 58.072 N 10-587.767 E	24	7.6 H	330	7.2
103	47°1B' 58.560 N 10-587.320 E	21	6.7 H	510	10.2 W
104	47°1B'588D2 N 10-58'9.679 E	19	6.1 H	630	9.3
105	47-IB'58.403 N 10-58'9.172 E	12	3.8 H	380	10.3
106	47-18'588 75 N 10-58'9.022 E	2D	6.4 H	620	6.3
107	47=19'58.754 N 1(F59'3.4D7 E	10	3.2 M	280	5.4
108	47=19'58.756 N 1(F59'3.4D8 E	14.5	4.6 M	320	5.9
109	47=19' 58.9 54 N 1(F59'3.435 E	22.5	7.2 M	610	10.1 W
110	47=19'58366 N 1(F59'9.318 E	19.5	6.2 N	590	8.9 W
111	47=13'D.4C2N 10=583.683 E	24.5	7.8 M	780	7.8
112	47=18' 59.58 1 N 1(F58' 1C .849 E	20	6.4 H	520	3.8
113	47=13'0.896 N 10=59'10.128 E	21	6.7 H	280	5.8 W
114	47=13'1.225 N 10=587.785 E	16	5.1 H	220	10.2 W
115	47=13'D.924 N 10=58'8.686 E	17	5.4 N	210	6.3
116	47=13'1.147 N 10=59'9.172 E	29	9.9 H	720	7.8 W
117	47°13'1.136 N 10=59'7.982 E	17	5.4 H	690	8.2 W
119	47=13'0.487 N 10=59'9.433 E	23	7.3 M	380	10.8
119	47=13'D.534 N 10=583.293 E	19.5	6.2 H	360	6.3
12D	47=13'1.289 N 10=593.585 E	23	7.3 H	320	5.2 W

Pinheiros	Coordenadas	Diâmetro Circunferência (cm) (cm)	Classe de vitalidade	Elevado (cm)	Profundidade do pavimento
	47°19'0.664 N				
1	10°58'9.075 E	131	41.7 M	12.3	10.2
	47°19'0.943 N				
2	10°58'9.585 E	101	32.2 M	10.8	9.8
	47°19'0.369 N				
3	10°58'10.064 E	96	30.6 N	9.8	8.9
	47°19'0.797 N				
4	10°58'11.291 E	82.5	26.3 M	12.3	10.1
	47°19'1.510 N				
5	10°58'10.176 E	66	21.0 M	9.6	11.3
	47°19'1.514 N				
6	10°58'11.079 E	38.5	12.3 N	9.2	7.6
	47°19'1.215 N				
7	10°58'11.852 E	74	23.6 H	7.6	13.5
	47°18'58.357 N				
8	10°58'10.796 E	93.5	29.8 H	10.6	12.3
	47°18'59.263 N				
9	10°58'10.047 E	68	21.7 H	11.8	10.6
	47°18'59.700 N				
10	10°58'13.288 E	84	26.8 H	12.3	11.2
	47°18'59.380 N				
11	10°58'13.027 E	58	18.5 H	10.2	10.8
	47°18'59.475 N				
12	10°58'12.388 E	60	19.1 N	9.2	11.3
	47°18'59.720 N				
13	10°58'14.820 E	50	15.9 N	10	12.1
	47°18'59.261 N				
14	10°58'13.294 E	40	12.7 H	10.5	13.1
	47°18'59.271 N				
15	10°58'13.342 E	81.5	26.0 H	10.2	13.5

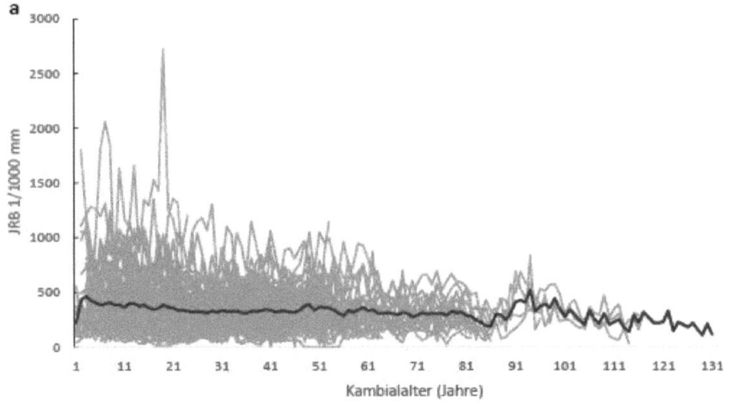

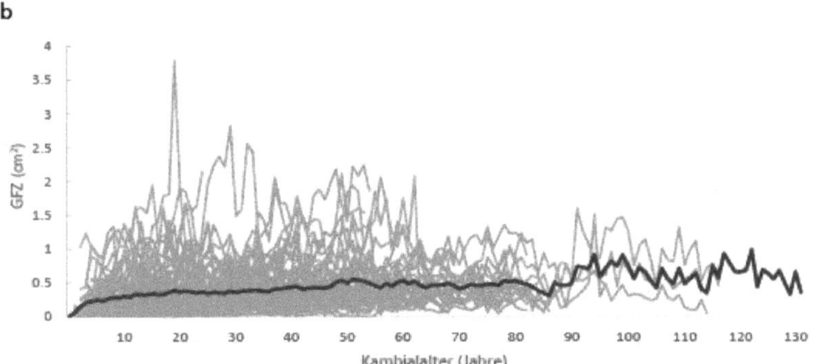

FiguraAla-b: Cronologias de largura de anéis de crescimento (JRB) e GFZ de todos os indivíduos de Juniperus communis datados (n=80) e a sua cronologia média (linha vermelha). Cronologias JRB por idade cambial.

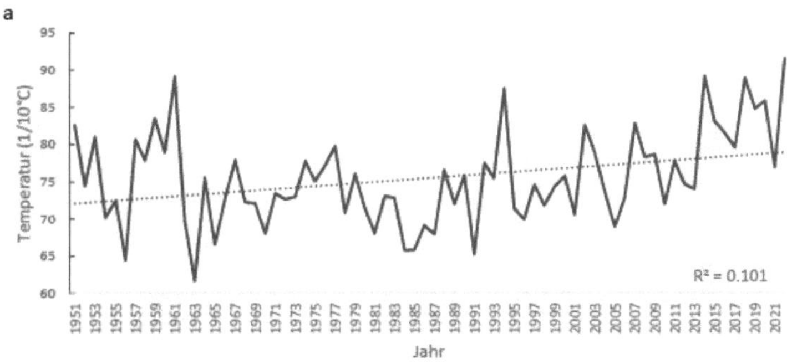

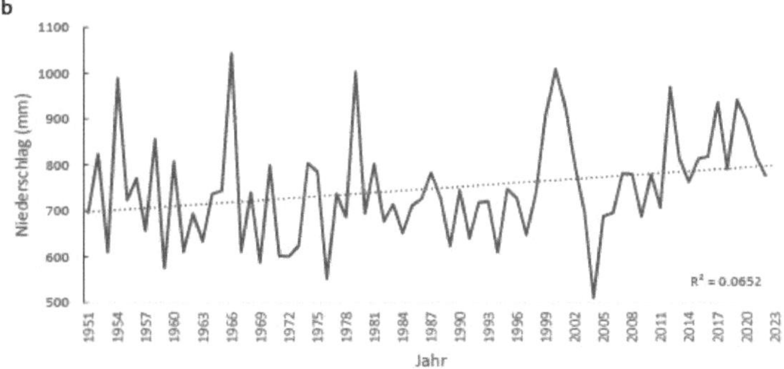

Figura A2: Curvas anuais de precipitação e temperatura no período de 1951 a 2023

A figura A3 mostra a precipitação do ano anterior e do ano seco para cada estação e uma vez como média anual. O que se pode ver claramente é que a precipitação de verão (amarelo) cai sempre significativamente no ano anterior e a precipitação da primavera (verde), do outono (vermelho) e do inverno (azul) são significativamente mais baixas no ano seco e não no ano anterior. A precipitação anual (preto) só regista uma descida significativa em 2004. É aqui apresentado o desvio da precipitação em relação à precipitação normal.

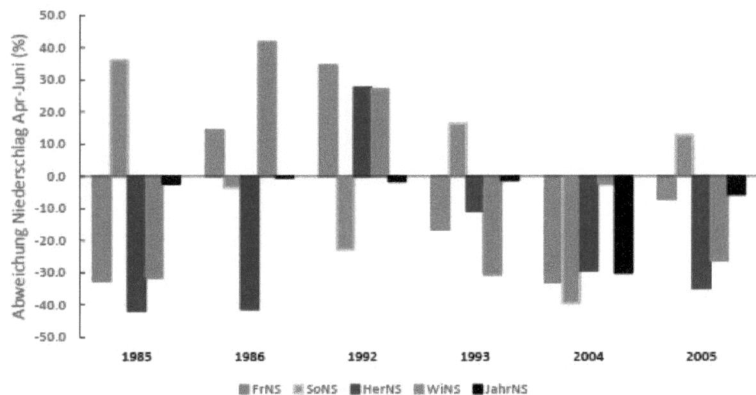

FiguraA3: Desvio da precipitação sazonal em relação à média de longo prazo nos anos de crescimento extremo de 1986, 1993 e

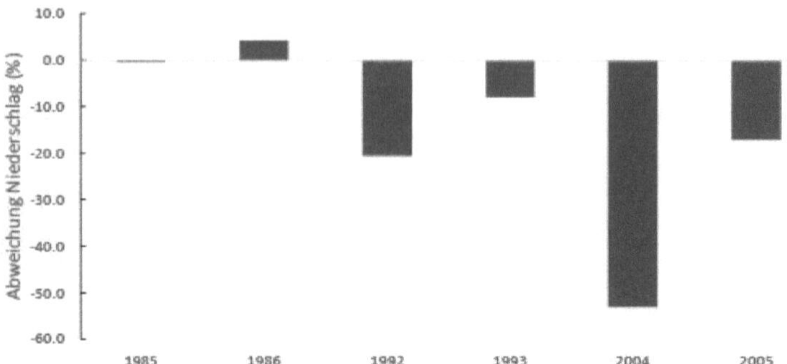

Figura A4: Desvio da precipitação de abril a junho em relação à média de longo prazo nos anos de crescimento extremo de 1986,
1993 e 2005 e nos seus anos anteriores.

A figura A5a-c mostra os índices de stress (resistência, recuperação e resiliência) para os RU 1-3
nos anos de crescimento extremo de 1986, 1993 e 2005.

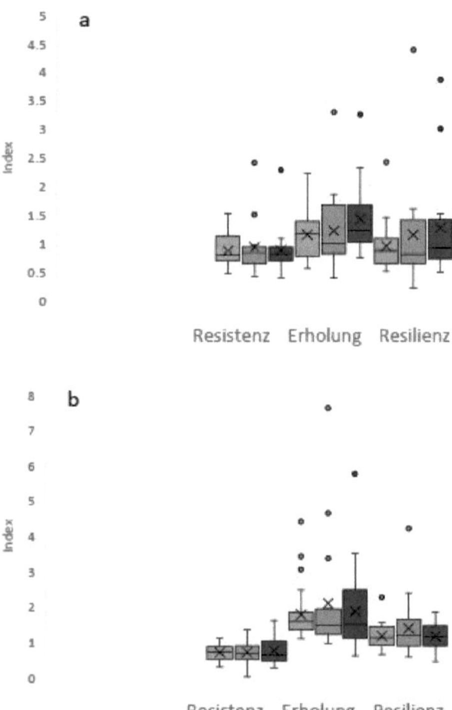

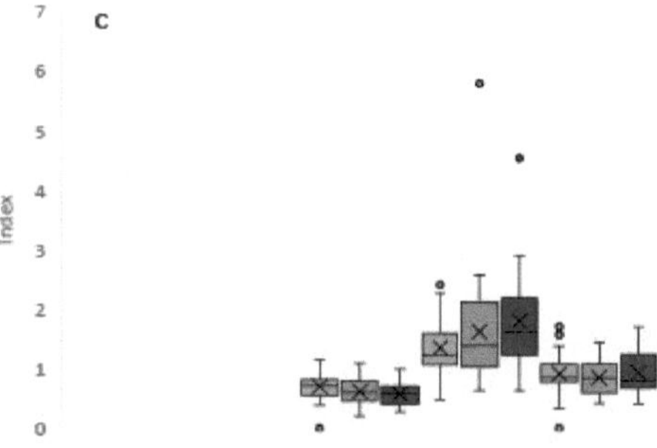

Figura A5: Dispersão dos índices de stress nas classes de vitalidade (I-3) para os anos de crescimento extremo de 1986, 1993 e 2005
O boxplot representa a resistência, a recuperação e a resiliência de cada CV (verde: CV 1; laranja: CV 2; vermelho: CV 3). Os pontos
representam o valor mais alto ou mais baixo. (Bigodes = desvio padrão Linha no boxplot = valor mediano x = valor médio).
(a)   Índices de stress das três classes de vitalidade para o ano de 1986
(b)   Índices de stress das três classes de vitalidade para o ano de 1993
(c)   Índices de stress das três classes de vitalidade para o ano de 2005

Na Figura A9, os *indivíduos de Juniperus* communis foram divididos em < 50 e > 50 anos e os
índices de stress são apresentados para os anos de crescimento extremo de 1986, 1993 e 2005.
Em 1986 e 2005, os indivíduos com < 50 anos apresentam um índice de stress mais elevado do
que os espécimes mais velhos. Em 1993, a recuperação dos indivíduos com mais de 50 anos é
melhor do que a dos mais jovens, mas a resistência e a resiliência são melhores nos indivíduos
mais jovens.

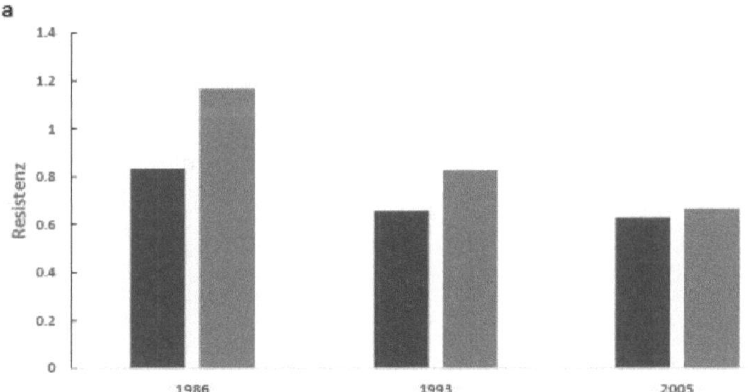

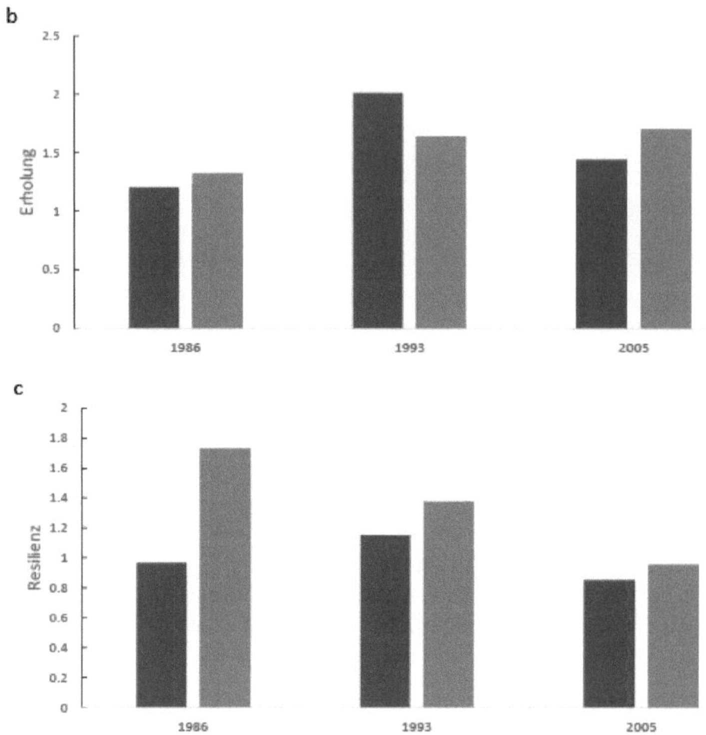

Figura A9a-c: Índices de stress (valor médio; resistência, recuperação e resiliência) para os anos de crescimento extremo nos grupos etários < 50 e > 50 anos (barras azuis: > 50 anos; n: 45; barras laranja < 50 anos; n: 35)

Printed by Books on Demand GmbH, Norderstedt / Germany